JN099299

草刈り動物と暮らす

髙山耕二 著

ヤギ・アイガモ・ガチョウの飼い方

農文協

はじめに

私は15年ほど前に、知り合いの農家に教えを乞いながら山あいにある小さな田んぼを耕し始めました。大学での仕事をしながら、週末には家族で農を楽しみ、食べるものを少しでも自給したい、そんな思いからでした。

しかし、田んぼの周りの広いのり面の草刈りにすぐさま音を上げ、そこに助っ人としてヤギを連れてきたのが、家畜を飼うようになったそもそものきっかけです。のり面に放牧したヤギはのびのびと草を食べ、生い茂った草をきれいに平らげていきました。その除草能力の高さに驚かされたことは、いまも強く印象に残っています。

その後、田んぼや草地の除草用にとアイガモやガチョウを飼い、ニワトリやウサギなどが加わり、最近ではコールダックという具合に、田んぼで暮らす動物たちが徐々に増えてきました。彼らとの出会いによって、草刈り・草取りによる「田んぼでの小さな畜産（自給的畜産）」の可能性の大きさに気づかされるとともに、近年では各地で荒れてしまっている山あいの田んぼは、「小さな畜産」を実践する上で理想的な場所なのだという実感も新たにしています。

この本では、ヤギ、アイガモ、ガチョウなどの家畜について、その「草刈り動物」としてのポテンシャルと、様々な農地やその周辺、休耕地などでの「適材適所」の飼い方（放牧・放飼）を紹介します。ただし、この本は全般を網羅する専門書や飼育方法のマニュアルではなく、草刈り動物を飼育する上で必要となる基本的な技術や知識について、私自身の実践と試行錯誤をもとに解説を加える形をとりました。

草刈り動物の飼い方は、それぞれの場所の立地条件や自然環境、利用できる資源（草木）、調達できる飼料、地域との関係、そして飼育者が営む農の形によって様々に変わってきます。飼育者がその家族や地域の人、知人・友人などとともに試行錯誤しながら、ベストと思う飼い方を導きだすところに、草刈り動物を飼う醍醐味があると私は考えています。この本にまとめた私の経験を通じて、皆さんがそんな醍醐味を見つけてくださることを願ってやみません。

この本が、皆さんと草刈り動物の出会いの場となり、彼らとの農的暮らしが始まるきっかけになれば幸いです。

２０２３年７月

髙山耕二

content

（*）

第6章 草刈り動物の繁殖方法

第7章 草刈り動物の健康管理

第8章 家畜の脱走と野生動物の侵入を防ぐ

（＊）

1 草刈り動物の魅力

1 草刈りでヤギに助けられる

鹿児島市内の山あいにある小さな田んぼで米づくりを始めて15年。自分で食べるお米ぐらいは自給できればと考え、知り合いの農家に田んぼを借り、いろいろ教えてもらいながらアイガモ農法を始めました。その後、その農地を購入して本格的に家畜も飼い始めました(図1、2)。今では、ヤギが5頭、アイガモが7羽、ガチョウが7羽、ニワトリが20羽、コールダックが10羽、そしてウサギが1匹暮らしています(図3)。

家畜を飼い始めたもともとのきっかけは、田んぼを囲むのり面の草刈りの助っ人にヤギを放したことでした。私の田んぼは、昔ため池を作ろうとして失敗した場所で、地名も「土手頭」。田んぼが急なのり面(斜面)で囲まれ、広いところは幅が10m近くあります。カマとクワぐらいしか準備をせずに始めた1年目、さっそく音を上げたのが、アゼやのり面の草刈りでした。

そこで、草刈りの助っ人として2頭のヤギを連れてきました(図4)。アゼ草がヤギのエサになり、夏場の草刈り作業がずいぶんラクになったのを覚えています。

その後、草刈り機を購入して、ヤギの代わりにのり面の草を刈ることもありましたが、斜面の上り下りが意外と大変なのと、私の歩き方が下手なのか斜面が崩れる始末…。結局、斜面の草刈りはヤギに任せることにしました。実際にヤギを草刈り動物として飼う中で、私自身、その魅力を再認識させられました。

図1　わが家の農園の全景

図3　わが家の動物たち

春
夏
秋
冬

図2　わが家の田んぼの四季

春はヤギ（手前）とガチョウ（奥）を放し飼い、夏はアイガモを水田に放し、秋は米の収穫と同時に牧草（イタリアンライグラス）のタネを播く、冬は牧草を育て、ヤギとガチョウの飼料として活用

図4　私の農園での家畜の放牧・放飼

1 田んぼを囲む広い斜面（のり面）には、ヤギを放し始めた。2 夏は水田でアイガモ農法。
3 冬は草地として牧草を栽培し、田んぼをフル活用

2 ヤギ、アイガモ、ガチョウ…それぞれの持ち味

ヤギに始まった草刈り動物の飼育。その後、アイガモ、そしてガチョウという具合に、種類が増えていきました。

今では30ａの小さな農地を、半分弱を水田として使い、残りを畑地や草地、あるいは小屋を建てて家畜を飼うスペースとして利用しています。そして農地全体を電気柵でぐるりと囲み、ヤギを放し飼いしています。

夏は水田の中をアイガモが泳ぎ回り、その周りでヤギがアゼ草をモリモリ。アイガモ農法のために設置したネット柵は撤去せずにそのままにしておき、冬の間は中にヤギを放します。アゼ草が少なくなる冬は、田んぼで栽培した牧草（イタリアンライグラス）がヤギの主食になります（図2、4）。

家畜の働きは3つ。役用、糞用、食用に分けることができます。ただ、わが家の場合は、これらに加え、愛玩用の意味合いも大きいかもしれません（表1）。愛玩用と書くと、単なるペットでは？　と言われてしまいそうですが、これも大事かなと感じています。

実際に家畜を飼うには、後述するような入念な準備が必要ですし、責任も伴います。実際、大学の授業でヤギやアイガモの話をすると、学生から必ず出てくるのが「おもしろそう、でも大変そう」という感想です。家畜の世話を「労働」と考えると、そう感じる

表1　わが家の動物たちの役割

	役用	糞用	食用	愛玩用
ヤギ	✓	✓		✓
アイガモ	✓		✓	✓
ガチョウ	✓			✓
ニワトリ		✓	✓	✓
コールダック	✓			✓
ウサギ				✓

図5　ミャンマーの農村で見た家畜たち
鳥を背中にのせ、水田周りの湿地をのんびりと歩く水牛、その世話は子供たちの仕事

かもしれません。

でも、水田や畑での作業を終えてほっと一息ついた時、そこにいろいろな家畜がいると自然と心が和みます。また、実際に家畜を飼い、じっくりと観察する中で、私自身、新しい発見や学びが数多くありました。資源の循環を意識した農を営みながら、ちょっとした「気づき」があり、「安らぎ」を感じる。こうして日々「楽しめる」ことが、草刈り動物を飼う最大の魅力かもしれません。

3 ミャンマーで見た畜産の原点

私が家畜の魅力を感じたもう1つのきっかけは、今から20年ほど前、ミャンマーでNGOによる国際協力活動に従事し、4年間、現地で生活したことです。ミャンマーでは、田んぼのアゼにはバナナやパパイヤが植えられ、その周りをニワトリが走り回り、水牛がのんびりと闊歩していました（図5）。田植え準備で水を落とすと、ウナギやカニがウジャウジャ。捕まえて素揚げにして、酒のつまみにしました。田んぼの持つ生産力の高さに驚かされたのを記憶しています。

それに対して、現代の日本の畜産は、ウシ、ブタおよびニワトリの飼養に特化し、その飼養管理の集約化と飼養頭羽数の増大を推し進めてきました。その結果、私たちの食卓には各種畜産物（肉、卵、乳製品など）が、安定的かつ安価に供給されています。一方で、私たちの暮らしの中から家畜はほとんど姿を消してしまいました。

畜産とは本来、人が利用できない資源（草や作物残渣など）を活用しながら家畜を飼い、その過程で糞（肥料）や労力（運搬や除草など）、そして畜産物（肉や卵など）をいただくものです。

ウシ、ブタ、ニワトリだけでなく、これから登場するヤギ、アイガモ、ガチョウなどもそれぞれ個性的で、優れた能力を持つ家畜です。こうした家畜を、農地やその周りに放牧すれば、「草刈り動物」として驚くような能力を発揮してくれると同時に、彼らの存在が私たちの癒しにもなり、農の楽しみがさらに広がります。

(＊)

図6　有畜複合農業は魅力いっぱい

1 水田はアイガモ、アゼはヤギが草刈り
2 牧草を育てた田んぼで散歩するガチョウ。奥の小屋ではヤギが休憩中
3 田んぼを散歩するガチョウの親子

産業的に営まれる畜産に対して、私が実践しているのは小規模で自給的な畜産、いわば「小さな畜産」です。

4 山あいの田んぼこそ「小さな畜産」にふさわしい

いま現在、田んぼを中心にして様々な家畜を飼う中で、田んぼの持つ生産力の高さも実感しています。そして、現代では各地で放棄されている山あいの田んぼこそ、「小さな畜産」を実践する上で最適な場所だと、改めて感じています。かつて私が大学生の頃にアイガモ農法に興味を持ったのも、水田で米づくりとそこにある資源（害虫や雑草など）を利用した畜産が同時に行なわれる点でした。

米づくりを始めて15年が経ち、田んぼを中心に様々な家畜を飼いながら少しずつ自分なりに理想とする農園（有畜複合農業）のかたちができつつあると感じています（図6）。

コラム

わが家の米づくり

田んぼのうち、水稲を育てるのは10ａあまり。トラクターを持たない私にとってちょうどいい面積と感じています。

例年５月に入ると、小さな管理機でせっせと１枚の田んぼを耕し、水を張ります。タネ播きをした成苗用のポット苗箱を並べるためです。ここで６月までの１カ月間、育苗です。

６月に入ると、田植え。時々、後ろを振り返り、まっすぐ植わっているとちょっとうれしい気分になりながら、２〜３日かけてのんびりと行ないます。ちなみに代かきは小型耕耘機にカゴ車輪をつけて行ない、とんぼを使って水平にしていきます。１枚の田んぼの面積が小さいからできることですね。

田植えから１週間後、いよいよアイガモの放鳥。ここから１週間はアイガモが野生鳥獣に襲われないか、心配する毎日です。８月末には水田からアイガモを引き上げ、10月はいよいよ稲刈り。天日干しした後、脱穀します。

私の米づくりは、最低限必要となる機械（耕耘機、播種機、バインダー、ハーベスタ）しか使わない、前近代的と言われそうなやり方ですが、毎年、アイガモの助けも借りながら、私の家族には十分すぎるほどの収穫物（お米 約３００kg）をいただいています。

タネ播きには播種機を利用

田んぼに並べたポット苗箱

小型耕耘機での代かき

代かき後の田んぼ

田植えが終わった田んぼ

アイガモが草取りに大活躍

イネ刈りにはバインダーを利用

天日干し

2 草刈り動物を飼うには？

1 放牧・放飼にも入念な準備

この本では、これから草刈り動物たちの魅力を紹介していきます。読者の皆さんにも興味を持っていただき、いずれは草刈り動物を飼育してほしいのですが…。

畜産において、畜舎の中で栄養価がきちんと計算された飼料で多数の家畜を飼うことを「集約的畜産」、これに対して放牧しながら家畜を飼うことを「粗放的畜産」と言います。言葉のイメージからすると、「放牧＝手がかからない」と受け取れるかもしれませんが、決してそんなことはありません。実際に家畜を飼うにあたっては、どこで（飼育場所）、何を（家畜の種類）、どのようにして（放牧や舎飼い）飼育するのか予め考え、準備する必要があります。

この章では、まず家畜の持つ特性を知ってもらい、その上で草刈り動物を飼うために必要な知識や準備、飼育にあたっての注意点などを紹介していきたいと思います。

2 家畜の「適材適所」を知る

ウシ、ブタ、ニワトリ、ウマ、ヤギ、ヒツジ、アイガモ、さらにはイヌに至るまで、世界で家畜化された動物はたくさんいます。そして、その用途は畜産物（肉、ミルク、卵）や毛皮の生産に限らず、運搬、耕耘、肥料源（糞尿）など多岐にわたります。同時に、それぞれの家畜が異なる食性や行動特性を有しています。

最初に、動物の食性について考えてみましょう。例えば、アイガモとガチョウはともに水禽ですが、その祖先はマガモとガンであり、前者は雑食性、後者は草食性です（図1）。家畜の食性や行動には、それぞれの祖先が持つ特性が色濃く反映されています。アイガモは水田に放すと、茎葉の硬いイネを食べることなく、雑草や害虫を取り除いてくれます。一方、ガチョウは果樹な

家畜の「適材適所」

図1　食性の違い
アイガモは雑食性で、草のほかにウンカなどの虫も食べる(左)。これに対してガチョウは草食性（右）

(＊)

図2　草食性の家畜における食性と行動特性の違い
草食性動物でも、食性や行動特性は様々。1ウシは広い草原で草を中心に採食する。2 3ヤギは草に加えて樹木の葉やササ、タケの葉、さらには果樹なども食べ、急な斜面でも自在に動き回る

表1　草刈り動物としてのヒツジとヤギの違いは？

	ヒツジ	ヤ　ギ
食 性	草を好む	草～樹葉まで食べる
採食特性	背の低い（短い）草が好き	背の高い（長い）草も食べる
行動特性	群れでいるほうが安心する 平坦地に向いている	群れは必要ないが、1頭だけは嫌い 傾斜地での移動を苦にしない
放 牧	○	○
繋 牧	×	○
適地	遊休地、果樹園など平坦地	遊休地、傾斜のある水田畦畔やのり面
その他	毛刈りが必要。冷涼な環境が好き	脱走に要注意!!

どの下草をしっかりと食べてくれますが、もし水田に放そうものなら、雑草だけでなくイネまで食べてしまいます。

次に行動特性について。広い草原の草をゆったりと食べるウシに対して、ヤギは斜面を縦横無尽に移動しながら、草だけでなく樹葉も好んで食べます(図2)。ヤギは1万年以上も前に、エサとなる草資源が乏しい西アジアの山岳地帯で家畜化されました。ヤギの持つ優れたバランス感覚や地際までしっかりと草を食べる行動は、それがルーツにあるのかもしれません。

また、しばしばヤギと比較されるヒツジは、ウシと同じで草を中心に採食します(表1)。平地を好み、ヤギと違い傾斜地での除草やセイタカアワダチソウのような背の高い草の採食を苦手にしています。しかし、それはヒツジの草刈り動物としてのポテンシャルが低いことを意味するわけではありません。例えば、果樹園で草高が低い草を食べさせ、その状態を維持するには最適な動物です。もし、果樹園に食性の広いヤギを放すと、草だけでなく、果樹の葉や果実

図３　様々な形の農地
基盤整備された田んぼ（左）と山あいにある小さな田んぼ（右）

も採食してしまいます（27ページ）。

このように、家畜の食性を正しく理解し、それに応じた「適材適所」の飼い方をすることが大切になります。食性や行動特性の違いを理解すると、草刈り動物を見る目が変わり、飼う楽しみが増すことでしょう。

3 放牧や放飼の場所を考える

農地の立地条件は様々です。基盤整備された田んぼもあれば、不均一な田んぼが連なる農地もあります（図３）。そうすると、アゼやのり面の形状や面積（幅や長さ）も変わってきます。そこにマッチする食性や行動特性を持つ家畜はどれか？　水田はアイガモでアゼはヤギ？　いやガチョウ？　考えるだけでワクワクしてきますね。

また、田んぼ以外にも、果樹園や休耕地など、草刈り動物が活躍できる場所はたくさんあります。こうした場所を使って、少しずつ飼育を始めてみてはいかがでしょう？

4 一年のサイクルを考える

飼いたい動物や飼育場所のイメージができてきたら、次に一年のサイクルを考えてみましょう。

春〜秋は、草刈り動物が一番活躍する季節です。水田ではアイガモが集団になって泳ぎ、その周りのアゼにはヤギやガチョウが放され、それぞれの場所で除草してくれます（図４）。この頃はエサとなる野草が豊富にあり、日常の管理は放牧した草刈り動物の健康チェック、放牧地の柵のチェック、電気柵沿いの下草刈りぐらいで、意外と手がかかりません。

5 冬場のエサ確保は特に重要！

むしろ頭を悩ませるのが冬です。豊富にあった野草が秋に枯れ始め、寒さと共に心細くなってきます。冬のエサをどう確保するのか？　その時になって慌てないように、予め準備しておく必要があります。

一年のサイクル

図4　夏場の様子
夏は草刈り動物のエサが豊富にある。水田にはアイガモ、アゼにはヤギやガチョウを放し飼い

図5　冬場の様子
冬に田んぼで栽培する牧草はヤギやガチョウの貴重なエサ

私は、イネ刈り（10月）の際にイタリアンライグラス（牧草）のタネを播き、それを冬場のエサとしているほか、エンバクを農園の空きスペースに播いています（図６）。それでも、イタリアンライグラスが大きく生長する年末までのエサの確保が大変です。幸い、鹿児島では12月でもクズが完全に枯れずに残っているので、せっせと道路沿いのクズをとったり、もらった野菜くずなどを与えています。それでも足りない時は、アルファルファヘイキューブやオーツヘイなどの購入飼料を与えます。

私の農地は30ａで、半分を水田や草地として使い、残りを畑地や樹園地、家畜の飼育スペースとして利用しています。草刈り動物を一年間飼うと考えると、ヤギが５〜６頭、ガチョウ５〜６羽、アイガモ10羽ぐらいが、無理なく飼育できる動物の数だと感じています。

6 飼料作物（牧草）を育てる

冬場などの貴重なエサになる牧草。牧草

飼料作物の栽培

図6　イタリアンライグラスとエンバク
イタリアンライグラス（左）はイネ刈り後の田んぼで、エンバクは飼育場の前などの空きスペースで栽培（右）

表2　飼料作物（イタリアンライグラス）の栽培

時期	内容
10月	播種 稲刈りの前日に不耕起・手播きで行なう 播種量：3 ～ 4kg/10a 品種：極早生（できるだけ早く刈り取り、青草をヤギたちに食べさせたいため） タネの入手先：JAなど イネ刈りの際にバインダーが通ることでタネが鎮圧される。その後は収穫まで放任
1～3月	一番草は刈り取り、青草で給与
4～5月	再生草は放牧して直接採食させる

図7　田んぼでのイタリアンライグラスの栽培
上は播種から1週間後。緑の部分が芽を出したイタリアンライグラス。下は45日後。草丈は20cmほどに生長している

には、夏場での栽培に向いた暖地型牧草と冬場での栽培に向いた寒地型牧草があります。先ほど紹介したイタリアンライグラスは寒地型牧草です。イタリアンライグラスは湿気にも強く、田んぼでの栽培に向いた牧草です。

私は、イネ刈りの前日に10a当たり3〜4kgのイタリアンライグラスのタネを手で播きます。前日に播く理由は、イネ刈りで使うバインダーのタイヤでタネを〝鎮圧〟するためです。ココがポイントです。イタリアンライグラスは鎮圧をしっかりと行なえば、発芽率がアップします（図7）。

私の田んぼでのイタリアンライグラスの栽培をまとめると表2の通りです。

このほか、エンバクも生育が早く、ヤギやガチョウの嗜好性も良好でおすすめです。ちょっとしたスペースがあれば、私はエンバクを播きます。生育が速く、草が足りない時に、刈

脱走防止と鳥獣害対策は表裏一体

図８　柵越しに収穫前のイネを食べるヤギ
このヤギがもし脱走して他人の田んぼに入ってしまったら…

図９　田んぼに姿を見せる肉食獣
アイガモやガチョウを襲うこともあるキツネ、タヌキ、ノネコ

り取ってあげることができ、何かと便利です。播種量は３〜４kg／10ａで、タネはＪＡなどで入手できます。

7 脱走と野生動物の侵入を防ぐ

草刈り動物を飼う上で一番大事なことは、①放牧した家畜を逃がさないこと、そして②野生動物たちから守ること、２つの視点からその対策を取る必要があります。

まず①については、脱走した家畜が近隣の農地に侵入すると、折角の草刈り動物としてのポテンシャルが農作物を食べることに向けられてしまいます（図８）。これでは、草刈り動物が害獣に姿を変えることになります。また、住宅が近くにあれば、そこに住む人たちを驚かすことにもなります。

②については、私の農地にはイノシシやシカなど農作物に被害を与えるお馴染みの野生動物に加え、キツネ、タヌキ、そしてノネコといったアイガモやガチョウを襲う動物たちも姿を見せます（図９）。

このように、家畜の脱走防止と野生動物の侵入防止は一体のものとして考え、動物たちの行動を正しく理解し、電気柵やネット柵などを十分な効果が得られる形で設置することが重要です。

8 日常の世話をイメージする

飼育する場所、飼料生産、脱走や野生動物の侵入防止法の次は、日常の飼育管理についてです。放牧・放飼であっても脱走の有無や健康状態のチェックなど、毎日動物たちの様子を見に行くのが基本ではあります。

ただし、私の場合、田んぼと自宅の距離が離れており（約20km）、飼育管理は１日おきに行ない、その代わりセンサーカメラ（42ページ）で田んぼや家畜の様子を必要に応じてチェックするようにしています。

どちらが良い、悪いということはありません。動物の飼育は長く続くものであり、皆さんのライフスタイルに沿った形で、無理のない飼育管理方法を考えておくことも大事なことです。

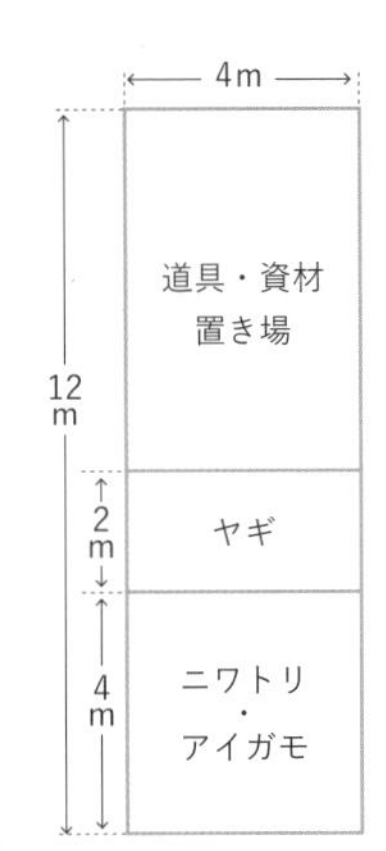

図10　私の畜舎と堆肥舎
小屋のサイズは、飼育する草刈り動物の種類や数によって異なる。私の場合、ヤギを2～3頭、ニワトリやアイガモを15～20羽飼育することを想定し、小屋を作った

9 設備、道具をそろえる

この本の主たるテーマは、家畜の放牧・放飼を中心とした草刈り動物の飼い方です。一方で、台風接近時など放牧・放飼を一時中断した際に動物たちを収容する場所があると便利です。

私は間伐材を活用して、道具置き場も兼ねた畜舎と堆肥舎を建てました(図10)。左の大きな小屋が道具置き場と畜舎。ここでニワトリ・アイガモ、ヤギなどを飼育できるようにしました。右の小さな小屋はヤギやニワトリなどの糞を堆肥化する場所です。

家畜を飼う時には、道具や容器などが何かと必要になります。必要なものとしては、エサ箱、飲水器(バケツなど)、ロープ、カマ、ナタ、草刈り機、収穫コンテナなどが挙げられます。これらに加えて、押し切りや柵の支柱を打つための木づちなどもあると便利です(図11)。

草刈り動物を飼うのに、どうして草刈り機が必要？　と思うかもしれませんね。広い場所の草刈りは動物たちに任せられますが、電気柵沿いの草などは動物たちが食べないので、人が刈る必要があります。なお、電気柵に触れる草を刈る時は、ナイロンカッターをつけて刈れば楽ちんです。また、押し切りは長い草をヤギに与える時に、短くカットしてあげることで食べこぼしによるロスが少なくなります。

10 法令、届出事項を確認する

この本で紹介する草刈り動物は、「家畜」です。家畜を飼育する場合、法令に基づいた届け出などが必要になることがあります。

家畜の飼育にかかわる法律としては、豚熱(CSF)や口蹄疫、高病原性鳥インフルエンザなど、家畜の伝染性疾病(伝染病)の発生の予防と蔓延防止について定めた「家畜伝染病予防法」があり、それに基づいて家畜の「飼養衛生管理基準」が定められ、飼育者が最低限守るべき衛生管理の基準が示されています。

ウシ、ブタ、ニワトリ、めん羊(ヒツジ)、

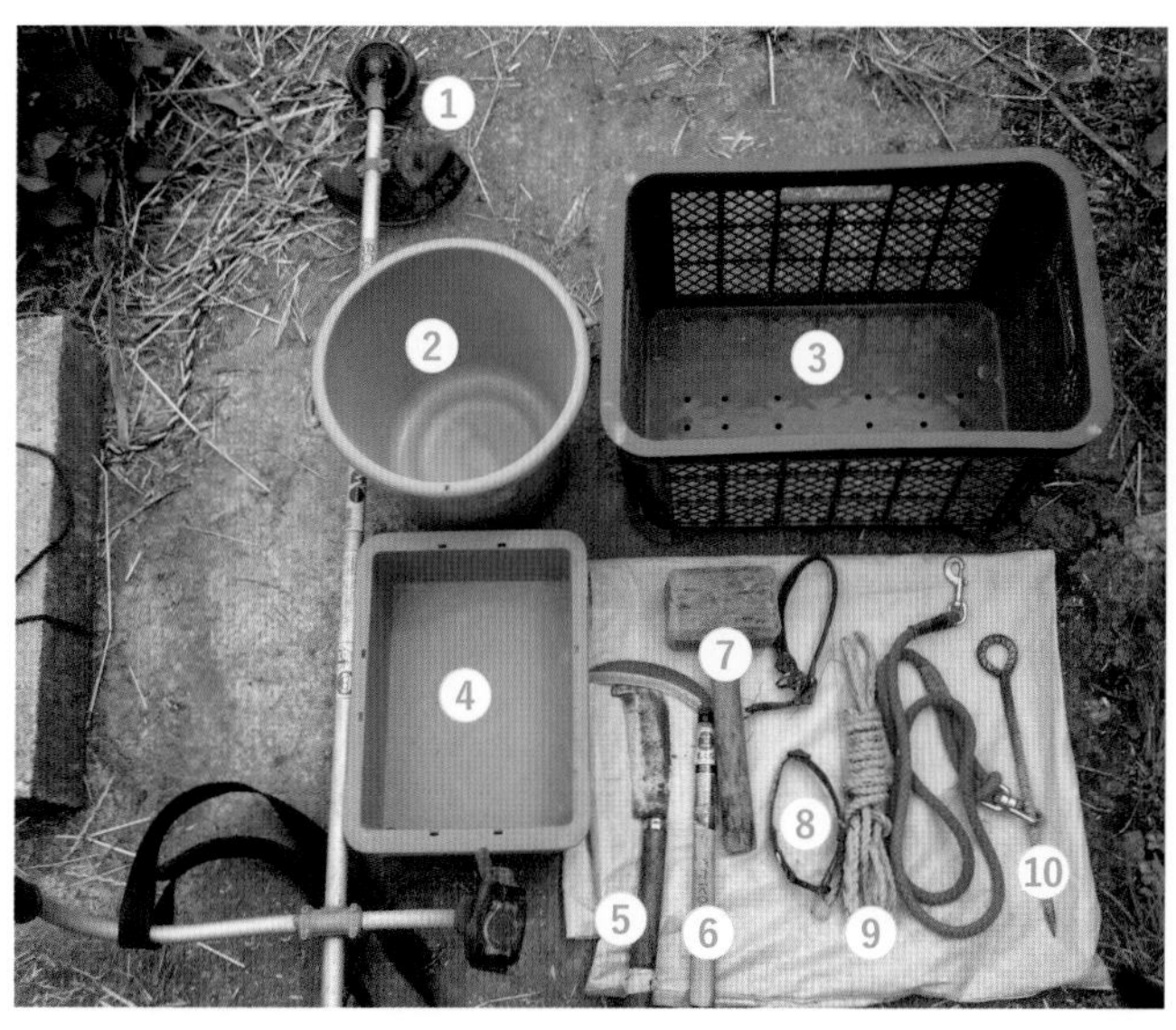

図11　飼育に役立つ機械や道具類
①草刈り機（ナイロンカッター式）、②飲水器（バケツ）、③収穫コンテナ、④エサ箱、⑤ナタ、⑥カマ、⑦木づち、⑧首輪、⑨ロープ、⑩杭、⑪押し切り

表3　家畜保健衛生所への「定期報告」の内容

	ヤギ、ブタ、ヒツジ		アイガモ、ガチョウ、ニワトリ	
	6頭未満	6頭以上	100羽未満	100羽以上
家畜の種類及び頭羽数など	✓	✓	✓	✓
畜舎等の数	（不要）	✓	（不要）	✓
飼養衛生管理基準の遵守状況など	（不要）	✓	（不要）	✓

表4　と畜にあたっての注意点

	ヤギ、ブタ、ヒツジ	アイガモ、ガチョウ、ニワトリ
販売が目的	と畜場で処理する	食鳥処理場で処理する
自家消費が目的	と畜場で処理する	（飼育者が処理することが可能）

ヤギ、アヒルなどを１頭（１羽）でも飼育していれば、現在では毎年、決められた期日までに、家畜の飼養衛生管理状況（飼養頭羽数やその管理状況など）を、各都道府県にある家畜保健衛生所に報告することが義務付けられています。ただし、小規模飼育者（ヤギなどで６頭未満、アイガモなどで１００羽未満）については、報告が一部免除されます（表３）。また、飼育している家畜が死んだ場合は、産業廃棄物業者などに引き渡して処理する必要があります。

最後に、これらを食する場合には、ヤギなどについては自家消費用であっても、と畜場で処理や解体を行なうことが、「と場法」で定められています。一方、ニワトリ、アイガモ、ガチョウなどの家禽・水禽については、自家消費を目的としたものであれば、個人での処理・解体が認められています（表４）。

11　獣医師を探しておく

本書で紹介する草刈り動物は、適切な管理をすれば、病気になったり、ケガをすることはめったにありません。

しかし、ヤギが有毒植物を食べた時、あるいは寄生虫が原因と思われる下痢が続いた時などは、獣医師に診察と治療をお願いする必要があります。ただその一方で、ヤギ、アイガモ、ガチョウなどを診療してくれる獣医師がなかなか見つからないことがあります。

そのため、イザという時に頼れる獣医師を予め見つけておくとよいでしょう。

12 家畜を入手する

最後に、いよいよ草刈り動物の手配です。家畜を手に入れるには、大きく2つのルートが考えられます。

①専門業者や牧場から購入する

お金はかかりますが、健康な動物を確実に入手でき、飼育する際のポイントや注意点を聞くこともできます。

②愛好家に譲ってもらう

愛玩目的などで飼育している愛好家を見つけ、譲ってもらうのも1つの手です。飼育に向けた準備やトラブル対処法など、愛好家だからこそ知る有益な情報を聞けることでしょう。

よくあるのが、雄ヤギのトラブル。子ヤギの時はかわいいため去勢もせずに飼い始めたものの、1年も経つと徐々に手に負えなくなることがあります。事前にできるだけ多くの情報を集め、導入にあたっては責任を持って飼育できるのか、慎重に判断する必要があります。

このほかに、最近では、ヤギのレンタルサービスを行なっている牧場などもあります。家畜は長い期間飼うもの。飼育を始めた後のトラブルを未然に防ぐ意味でも、一度飼育にチャレンジし、本当に飼育できるのか検討するのも1つの手かもしれません。

コラム

アニマルウェルフェアとは？

最近、アニマルウェルフェア(動物福祉)という言葉をニュースなどで聞いたことがありませんか？　その対象となるのは、家畜に加え、愛玩動物、実験動物、展示動物、そして野生動物。いずれ畜産物として食卓にのぼる家畜であっても、飼育している間は苦痛を与えることなく、それぞれの行動特性に配慮した飼い方をすることが求められています。

アニマルウェルフェアの理念を示すものとして5つの自由が提唱されています。読むと、少し難しい気がしますが、当たり前のことを求めています。

ブタを放牧すると、鼻先を使って地面を掘り起こす〝ルーティング〟を夢中になって行ないます。畜舎で生活するブタからは想像もつかないほど、はつらつとして、表情も生き生きとしています。水たまりがあれば、体を横たわらせてその中でゴロゴロと、体を泥まみれにしてそのまま昼寝。ニワトリも外に放すと、地面を脚でかき、くちばしで地面をつつくことに夢中になります。

こうしたブタやニワトリにとって当たり前とも言える行動

デビークされたニワトリ

アニマルウェルフェアで掲げられる理念
5つの自由

1. 飢えと渇きからの自由
2. 不快からの自由
3. 痛み・傷害・疾病からの自由
4. 正常行動を発現する自由
5. 恐怖と苦悩からの自由

が畜舎の中では大きく制限されます。人からすれば、彼らは経済動物。限られたスペースの中でより多くの家畜を飼育したいと思うのは当然です。その代わり、ちゃんと栄養計算した飼料を十分に与えれば問題ないと考えられてきました。しかし、ルーティングや地面つつきができないことで、ブタやニワトリはストレスを抱え、それが他個体の尻尾をかじる(尾かじり)、羽毛をつつくなど通常では見られない行動を示すようになりました。

そこで、人は産まれて間もないブタの尻尾や歯を切り、尾がかじられないようにしています。ニワトリに至っては、くちばしの先をカットします(デビーク)。これにより、問題となる行動(かじる、つつく)はできませんが、家畜は痛いでしょうね。人からの目線で経済性や効率性が優先される中で、家畜の目線からより良い飼い方を考えるのがアニマルウェルフェアです。

ブタの断尾、ニワトリのケージ飼育やデビーク(断嘴)、ガチョウのフォアグラ生産など、これまで当たり前のように行なわれてきたことが少しずつ見直され、それぞれの家畜の食性や行動特性に配慮した飼い方が模索されています。当然、この本で紹介する草刈り動物の放牧や放飼は、アニマルウェルフェアを満たす飼い方の1つです。

ただし、注意も必要。せっかく放牧や放飼をしても管理が不十分で家畜が病気になったり、野生動物に襲われては本末転倒です。私たち自身が動物の行動をよく理解し、それを活かす飼い方をすることが大事です。

1

2

3

放牧・放飼時に見られる動物ののびのびした行動

1 ブタのルーティング、2 ブタの泥浴び、3 ニワトリの地面つつき

草刈り動物が大活躍

あの場所で　この場所で

ヤギの放牧から始まった草刈り動物の飼育。その後、アイガモやガチョウなど、仲間が増えてきた。家畜たちの食性や行動特性を考えて放牧・放飼すれば、田んぼや畑、その周辺の草取り・草刈りに驚きの能力を発揮する。

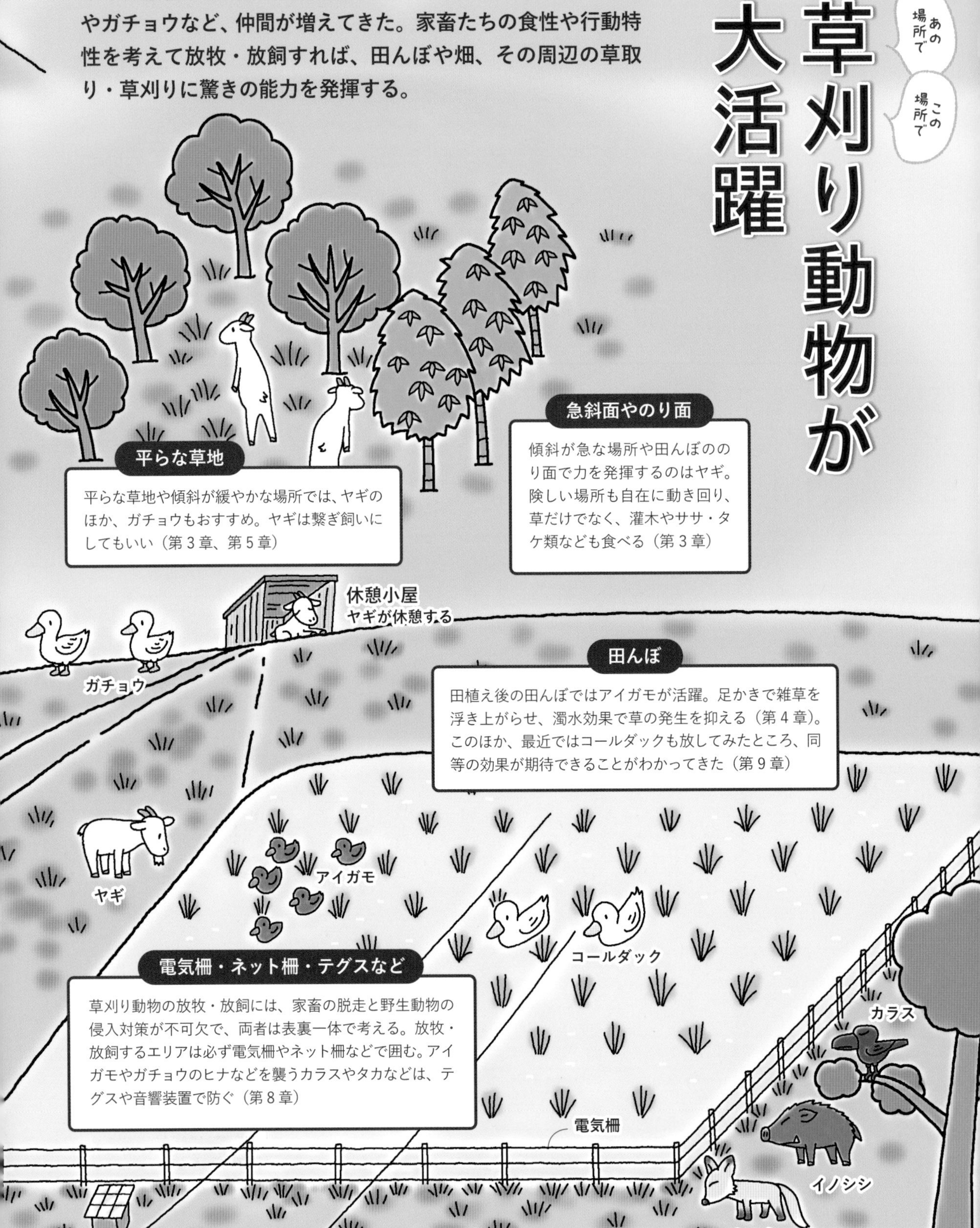

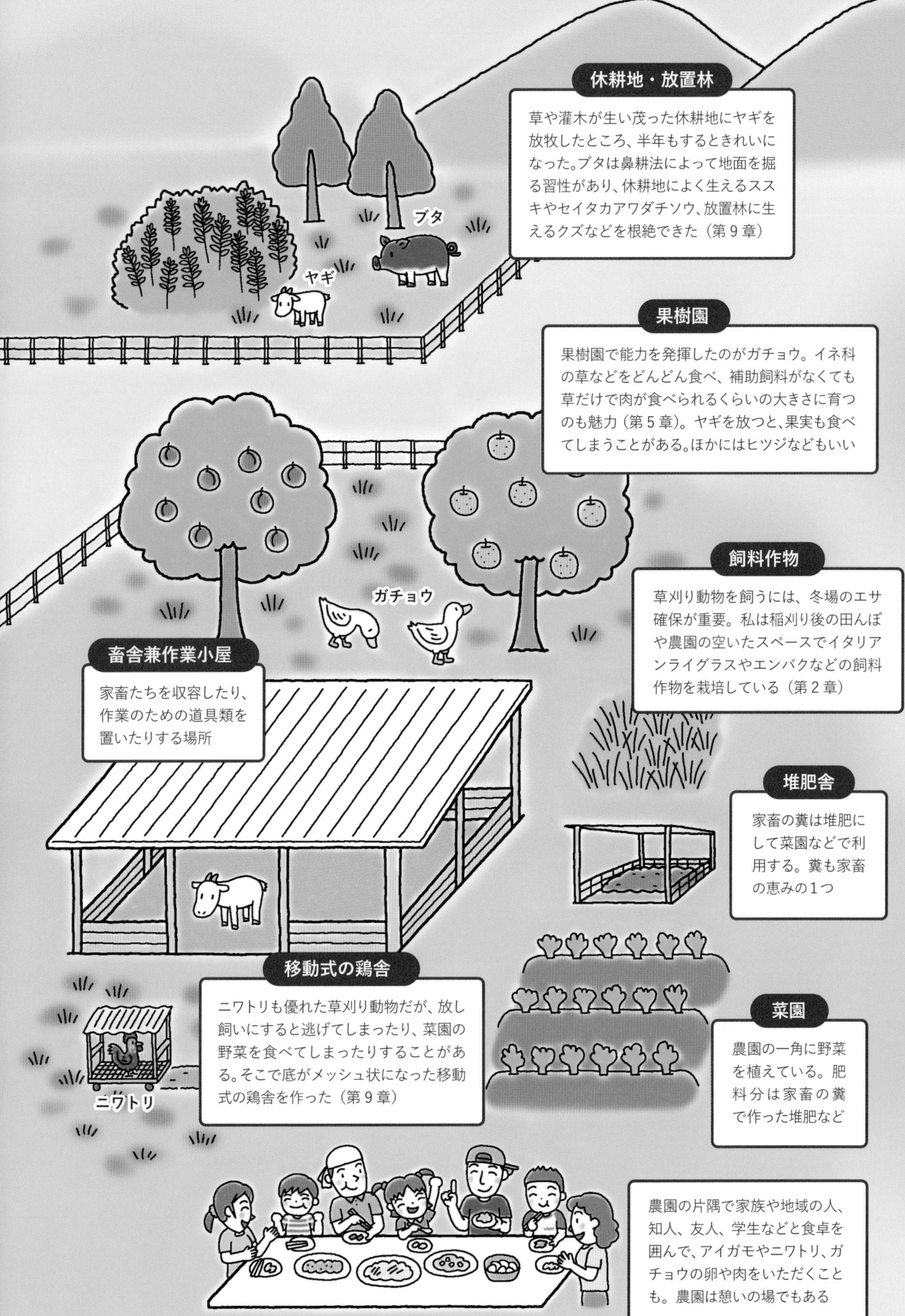
休耕地・放置林
草や灌木が生い茂った休耕地にヤギを放牧したところ、半年もするときれいになった。ブタは鼻耕法によって地面を掘る習性があり、休耕地によく生えるススキやセイタカアワダチソウ、放置林に生えるクズなどを根絶できた（第９章）
ブタ
ヤギ
果樹園
果樹園で能力を発揮したのがガチョウ。イネ科の草などをどんどん食べ、補助飼料がなくても草だけで肉が食べられるくらいの大きさに育つのも魅力（第５章）。ヤギを放つと、果実も食べてしまうことがある。ほかにはヒツジなどもいい
ガチョウ
飼料作物
草刈り動物を飼うには、冬場のエサ確保が重要。私は稲刈り後の田んぼや農園の空いたスペースでイタリアンライグラスやエンバクなどの飼料作物を栽培している（第２章）
畜舎兼作業小屋
家畜たちを収容したり、作業のための道具類を置いたりする場所
堆肥舎
家畜の糞は堆肥にして菜園などで利用する。糞も家畜の恵みの１つ
移動式の鶏舎
ニワトリも優れた草刈り動物だが、放し飼いにすると逃げてしまったり、菜園の野菜を食べてしまったりすることがある。そこで底がメッシュ状になった移動式の鶏舎を作った（第９章）
ニワトリ
菜園
農園の一角に野菜を植えている。肥料分は家畜の糞で作った堆肥など
農園の片隅で家族や地域の人、知人、友人、学生などと食卓を囲んで、アイガモやニワトリ、ガチョウの卵や肉をいただくことも。農園は憩いの場でもある

3 ヤギを放牧する

1 はじめに

この章からは、いよいよ動物の放牧・放飼について解説していきます。最初はヤギです。

5月に入ると、田植えに向けた準備が始まります。田んぼ周りのアゼ草刈りは、ヤギが担当します。15年ほど前から飼い始めたヤギ。いまでは私の田んぼに欠かせない存在になっています。

「ヤギの魅力は?」と聞かれたら、私はこう答えます。①小型で取り扱いやすいこと、②特別な施設を必要としないこと、③農作業の合間にヤギたちの愛らしい(いや、とぼけた?)顔や仕草を見ると、心が和み、家族で会話が弾むこと、そして一番大事なことですが、④優れたバランス感覚と敏捷性を兼ね備えた草刈り動物として、高いポテンシャルを持っていること。

日本のヤギの飼養頭数は、1950年代には70万頭を超えていましたが、1961年の農業基本法成立後、一時激減しました。しかし最近では、チーズ作りなどを目的とした産業的な飼育、あるいは1~2頭のヤギを除草や愛玩目的で飼うケースが増えてきました。私の知り合いの農家でも、1~2頭のヤギを飼っている方がちらほらといます。

2 ヤギの種類と特性

日本には3種類

世界にいるヤギの種類は、500以上と言われています。高級な獣毛繊維として流通しているカシミヤも、実はヒマラヤのカシミール地方で飼われているヤギの毛です。

わが国で主に飼われているヤギは、トカラヤギ、シバヤギ、日本ザーネンの3種類です(図1)。

このうち在来種はトカラヤギとシバヤギ。いずれも中国や朝鮮半島から渡来し、九州

ヤギの種類と特徴

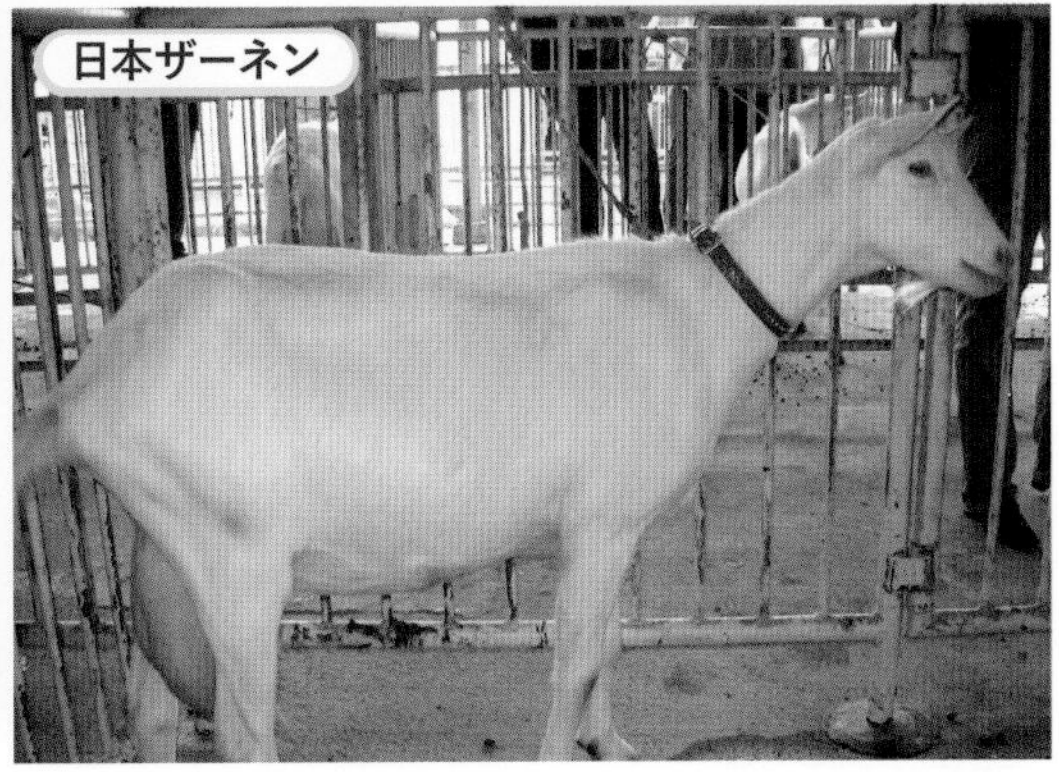

図１　日本で飼われているヤギ

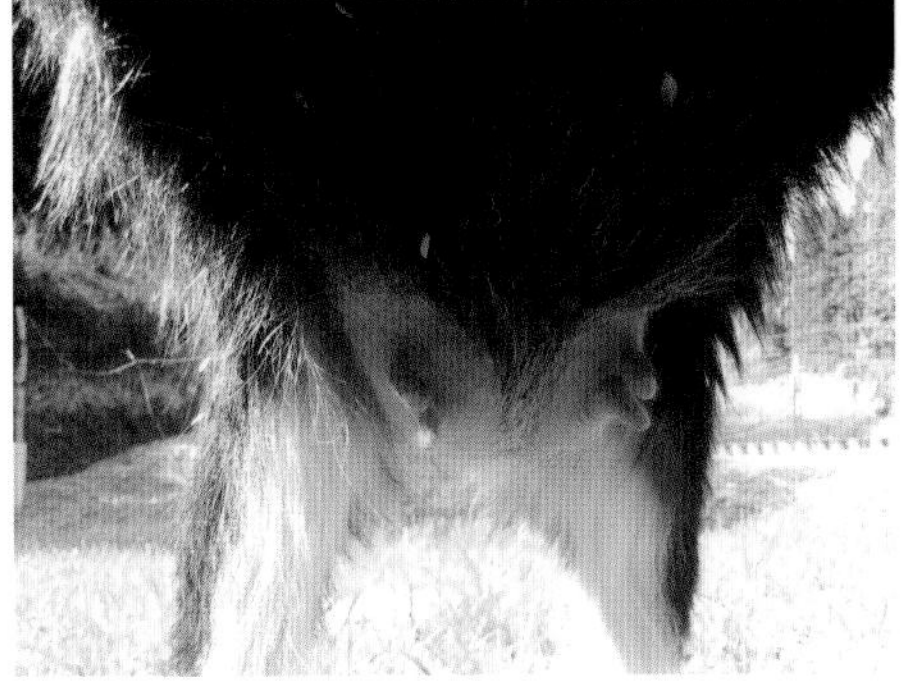

図２　私が飼っているトカラヤギの特徴

上は外観。左側のヤギの背中に黒いまん線が見られる。下はトカラヤギの副乳頭。ここからもちゃんとミルクが出る。まれに三つ子を産むことがあり、全員がミルクを飲めるようにするためと考えられる

や沖縄で肉用種として飼育されてきました。いずれも小型(20〜40kg)で飼いやすく、ヤギにとって恐い病気の1つである腰麻痺にかからないのが特徴です。初心者におすすめのヤギたちです。

一方、これらよりもひと回り大きいのが日本ザーネンです。1900年代初めに導入されたザーネン種に、在来種であるシバヤギを交配させ、日本の風土に合うように改良された乳用ヤギです。1日に2ℓ以上のミルクを生産し、成体重が50kg以上になる大型のヤギです。

ヤギの行動特性と食性

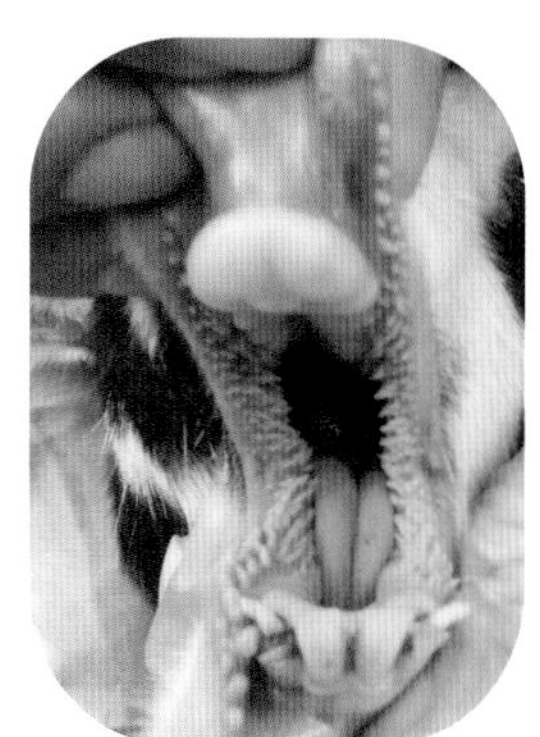

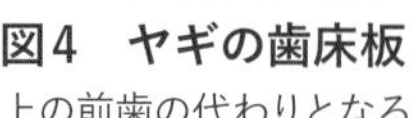

図4　ヤギの歯床板
上の前歯の代わりとなる

トカラヤギの特徴

私が現在、飼っているのは、5頭のトカラヤギで、雄が1頭、去勢が1頭、雌が3頭です。このほかに、数頭のヤギを一時的に預かることがあります。

トカラヤギは、鹿児島の南の島々で肉用として飼育されてきた小型ヤギ。見た目がかわいいことから、最近では愛玩動物としてのニーズもあります。島々にいたトカラヤギは日本ザーネンなどとの雑種化がすすんでおり、純粋な系統のトカラヤギは遺伝資源としての価値もあります。

純粋なトカラヤギの特徴は、見た目では、①体が小さい（体重は20〜35kg）、②色は有色（茶色や黒を基調としている）、③背中にまん線と呼ばれる黒い線が見られる、④副乳頭があり、2対の乳頭がある、などです。副乳頭はトカラヤギ特有の器官で、雑種化がすすむと副乳頭が見られません（図2）。

生産面でみると、①年間を通じて繁殖が可能なこと、②腰麻痺にかからないことが、特徴として挙げられます。

図3　斜面を動き回り、草を食べるヤギ
45°くらいの急斜面も難なく移動し、草を食べる

3 草刈りへの適性

急傾斜でも上手に歩く

ヤギは乾燥地帯である西アジアで家畜化されました。その祖先は断崖絶壁が続く、厳しい環境の中で暮らしていました。そうしたルーツを持つためでしょうか、ヤギは急な斜面での移動を全く苦にしません。私が草刈りを躊躇するような斜面を自由に行き来しながら、しっかりと除草してくれます（図3）。

（＊）

図5　ヤギの採食の様子

1 地際の草を上手に採食。2 ササの葉も大好き。3 セイタカアワダチソウも軟らかいうちはよく食べる。4 後ろ脚だけで立ち上がって樹上のスモモを上手に食べるヤギ。本当は私のおやつなのに…

食性の幅が広く、地際までよく食べる

ヤギの口には、ウシやヒツジなどと同様に、上の前歯（切歯）がありません。その代わりに、歯茎に相当する部分が硬くなり、「歯床板（ししょうばん）」と呼ばれる部位を形成しています（図４）。ウシは長い舌で草を巻き取って採食するため、長さのある草は食べることができますが、短い草は食べるのが苦手です。

これに対してヤギは、歯床板と下の切歯で草を挟み、頭を動かして食いちぎります。短くなった地際の草まで上手に食べることができます。

ヤギは食性の幅が広いのも特徴です。草だけでなく、灌木の新芽や若枝、タケやササの葉なども食べてくれます（図５）。

セイタカアワダチソウも軟らかいうちは食べる

図６は、荒れた休耕地でのヤギ放牧の開始時と終了時を比較したものです。面積は

約5a。まず周囲を電気柵とネット柵で囲み、2頭のヤギを放してみたところ、生い茂っていたセイタカアワダチソウ(別名キリンソウ)をモリモリと頬張り、半年後には草刈りが完了しました。草刈り機を使ったように、地際まで草がきれいに食べ尽くされています。

好きな草と嫌いな草

ヤギは食性が広く、様々な草を食べます。その中でも、大好きなのがクズ、カラムシ、イヌビワの3つ(図7)。耕作放棄地には先ほど紹介したセイタカアワダチソウやクズが繁茂します。こうした場所では、ヤギの草刈り動物としての持ち味が最大限に発揮されます。

野草の代表格であるススキやチカラシバもヤギは大好物です。ただし、穂が出ると嗜好性が急激に下がるので注意が必要です。

その一方で、ヤギが嫌いな(好まない)草もあります。例えば、イヌタデ、アオゲイトウ、クサギなどです。観察していると、ヤギは上手にこれらを避けて他の草を採食します。よほど美味しくないのでしょう。

4 放牧・飼育の方法

放し飼いと繋ぎ飼い

広い休耕地や傾斜が急なのり面では、電気柵を張って、その中で草がなくなるまでヤギを放し飼いにします。一方、基盤整備されて傾斜が緩く直線状の田んぼのアゼでは、ヤギを繋ぎ飼い(繋牧(けいぼく))しています(図8)。

繋ぎ飼いの場合、ヤギに朝から夕方まで草を食べさせて、夜には小屋に収容する方法と、草がなくなるまで長期間、繋牧する方法があります。いずれの場合も注意しないといけないのは、ロープが絡まってヤギがケガをしたり、首が締まって死亡したりする事故をしっかり防止することです(図9)。ヤギは優れたバランス感覚を持つと書きましたが、その分動き回るのがアダになるのでしょうか? ロープが絡まることによるヤギの死亡事故はよく聞きます。

私が田んぼで繋ぎ飼いする場合は、70mほどのロープを張ってレールを作り、そのレールに短めのロープでヤギを繋ぎます。その際、ヤギの首に繋いだ短めのロープはホースの中に入れ、ロープがよれて脚などに絡みつかないようにしています(図10)。

また、レールの両端の手前に結び目を作り、ストッパーとしての機能を持たせ、ヤギが支柱に近づきすぎてもロープが絡まないようにしています。これらにより、10年以上アゼで繋ぎ飼いをしていますが、幸いなことに事故は一度も起きていません。

飼養数の目安

私は除草を目的にする時は、10a当たり2~3頭を目安にしてヤギの放牧を始めます。放牧できるヤギの数や期間は、ヤギの大きさや放牧する場所の草の量によって変わってきます。大事なのは、ヤギの状態や草の量をしっかりと観察することです。あまり反芻や休息を取らずにずっと草を食べている、ヤギの体を見て、少し痩せたかなと感じたら、ほかの場所に移動するか、補助飼料を与える必要があります。

図６　休耕地でのヤギの除草効果
半年後にはきれいになって、隠れていたＵ字溝も現われた

図７　ヤギが特に好きな草木
クズはマメ科で栄養価が高くヤギは大好き。このほか、山沿いでよく見かけるイヌビワや道路端や田んぼのアゼに生えるカラムシも大好物。畜舎内で食べさせる時はヒモでつるして与える

また、除草目的に飼育する場合は、雌ヤギや去勢ヤギがおすすめです。繁殖するためには、雄ヤギが必要ですが、力も強く、人に角を向けることがあります。ヤギと触れ合うことも考えると、雄ヤギは早い時期に去勢しておくほうが無難です（56ページ）。去勢すると驚くほどおとなしく、飼いやすいヤギになります。

１頭よりも２頭がよい

ヤギは寂しがり屋です。１頭よりも２頭で放牧したほうが草刈りに集中し、逃げ出すリスクも減ります。

私もかつて、放牧したヤギを逃がしてしまった苦い経験があります。１頭のヤギを電気柵で囲った場所に放した後、鳴き叫んでいましたが「そのうち落ち着くだろう」と判断し、家に帰りました。しかし、そのヤギは寂しさのあまり、私を追いかけて柵の外に逃げ出し、近くの集落に迷い込んでしまいました。シカと間違えられて猟友会の皆さんが出動する騒ぎとなり、平謝りしたのを覚えています。

休息小屋が必須

ヤギは、もともと乾燥地帯を起源としています。そのためか、雨で体が濡れることや湿気を嫌います。また、暑い陽射しを長

ヤギの放牧のやり方

図8　放し飼いと繋ぎ飼い

傾斜が急な場所や広い場所では電気柵で囲んで放し飼いにする（左）。一方、平らで直線状の場所では繋ぎ飼いにする（右）

図9　繋ぎ飼いでよくある事故

左は支柱にロープが絡み、身動きが取れない状態。右は斜面から滑り落ち、首を吊った状態

図10　ヤギの繋ぎ飼いのひと工夫

基盤整備した直線状の田んぼのアゼでは繋ぎ飼いする。放し飼いより管理しやすい

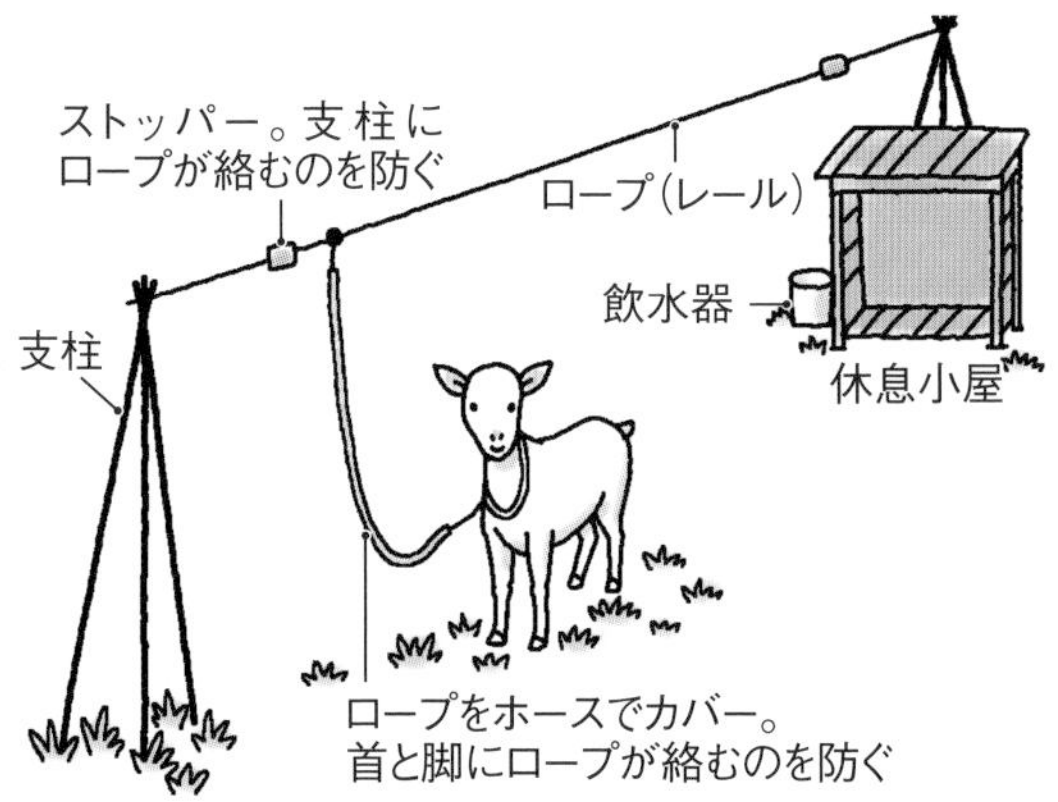

時間浴びていると、熱中症を引き起こしてしまいます。

そのため、放牧の際は、ヤギが雨や陽射しを避けることができる簡単な小屋が必要です。私の場合、小屋は設置場所を変える可能性も考え、１～２頭が入る小さめのものを作りました（図11）。小屋の床は清潔に保たれるよう、工夫が必要です。床をスノコ状にして地面から浮かせる造りにしています。こうすることで、ヤギの体が糞などで汚れることがなく、寄生虫対策にもなります。

水分やミネラル補給も重要

乾燥地帯で暮らしていたヤギも、水は必要です。小屋のそばにバケツなどを置いて、きれいな水が飲めるようにしてあげましょう。あと、鉱塩（ミネラルブロック）の補給も健康維持のためには重要です。鉱塩は、ＪＡ（農協）などで繁殖牛用として販売されているものを購入してください。

図11　ヤギ小屋
サイズは高さ 1m × 幅 1m × 奥行 1m で、持ち運びが可能。床はスノコ状にしている。ミネラル補給のための鉱塩（ミネラルブロック・矢印）や飲み水を入れたバケツなども忘れずに置く

有毒植物を除去する

ヤギにとっての有毒植物には、ツツジ、アセビ、スイセン、アジサイ、ナンテン、チョウセンアサガオ、ヒガンバナ、ワラビ、キツネノボタンなどが挙げられます（図12）。いずれもよく目にする草木なので心配になるかもしれませんが、基本的には放牧したヤギがこれらを口にすることはめったにありません。有毒植物を本能的に避けながら草を食べます。

ただし、①人がヤギのために刈り取った草の中に有毒植物が紛れ込んでいた時、②放牧地の草が少なくなった時などは、さすがのヤギも食べてしまい中毒を起こすことがあります。放牧地でツツジやアジサイなどを見かけたら、あらかじめ取り除いておくほうが無難です。

5 冬場の飼育とエサの確保

夏場には田んぼ周りや休耕地などに生える豊富な野草をエサとして、ヤギを飼うことができます。では、多くの野草が枯れて

図12　身近にあるヤギの有毒植物
上は山沿いで見かけるツツジ、下は田んぼ周りで見かけるキツネノボタン

しまう冬場のエサをどうするか？　ヤギを飼う時は、この冬場のエサの確保が大事なポイントになります。

道端の草や野菜くずを与える

先ほども書きましたが、私の場合、10月のイネ刈り前日に田んぼに牧草のタネを播きます。それが生育してヤギに給与できるのが12月末。それまでの2カ月間（11～12月）のエサの確保が、一年の中で最も大変です。私の場合は、道路端に生えているカラムシやイヌビワ、ガードレールに巻き付いているクズをせっせと集めてヤギに与えています。

また、サツマイモを収穫した際の蔓は、ヤギにとってご馳走です（図13）。ただし、収穫時に畑に積み上げたイモ蔓は数日で腐り始めます。そのためイモの収穫をずらしながら、ヤギに与えます。時々、近隣の農家がイモ蔓をたくさんくれることもあります。こうした時は、晴天下で2～3日広げて天日干しすることで冬場の貯蔵飼料として、数カ月利用することができます。

あと、時々差し入れてもらって助かるのが、野菜くずです。ダイコンやその葉っぱ、ハクサイやキャベツの外葉は、冬場の貴重なエサです。ただし、ネギやタマネギ、ニ

飼育のポイント

ヤギが有毒植物を食べてしまったら…

私が飼っているヤギも、ワラビとキツネノボタンを口にして急死したことがあります。いずれも目がうつろで起立不能となり、真っ赤な尿（血尿）を流していました。元気だったヤギがある時突然、元気をなくし、嘔吐したり口から泡を吹いたり、血尿が見られた時は、毒草の採食を疑いましょう（表）。

このような状態になると、時間との勝負です。急ぎ獣医師に処置してもらう必要があります。考えられる処置には、催吐剤や利尿剤、そして強肝剤の投与などが挙げられますが、症状や原因となった有毒植物によって異なります。苦しむヤギを見るとつい慌ててしまいますが、病院に行く前に口にした可能性（採食した跡）のある有毒植物を特定することも大事です。

表　有毒植物を食べた際に見られる症状

症状	考えられる原因
嘔吐した、 口から泡を吹いた	ツツジ、アセビ、アジサイ、 チョウセンアサガオなど
血尿が見られた	キツネノボタン、ワラビなど

ワラビによる中毒症状を引き起こした雄ヤギ（起立不能、血尿）。この時は時間が経過していたため助けることができなかった。早く処置すれば助かるチャンスもある

あの手この手で冬場のエサを確保

図13　サツマイモの蔓を頬張るヤギ
蔓も葉も残さず食べる

図14　購入飼料
1オーツヘイ。2ヘイキューブ。3粉ヘイキューブ

図15　イタリアンライグラスの刈り取り（1月）とヤギの放牧（4月）
刈り取りは１月。放牧は４月のもの。ヤギはイタリアンライグラスを美味しそうに食べてくれる

ンニク、ホウレンソウは有機チオ硫酸化合物やシュウ酸など、ヤギにとって有毒な物質を含んでいるため与えないようにしましょう。

購入した飼料を与える

野菜くずは水分が多く、繊維質が少ないため、たくさん与えていると、ヤギの糞が軟らかくなり、調子を崩すことがあります。そこで、私が野菜くずを与える時は、乾草（オーツヘイ＝エンバクを乾燥したもの）も一緒に与えます。

また、忙しい時や天気が悪い時などは、ヤギのエサを集めることができないこともあります。そういう場合に備えて、少しお金がかかりますが、乾草とヘイキューブ（アルファアルファ）を準備しておくと安心です（図14）。ヘイキューブとは、その名の通り、アルファアルファを直方体に乾燥加工したものです。ただし、そのままだとヤギが食べこぼしてロスが生じるため、ハンマーなどで砕く必要があります。予め粉砕されたものか、粉状のものを購入すると便利です。

乾草やヘイキューブは、ＪＡなどで取り扱っています。

栽培した飼料を与える

1～4月にかけては、田んぼや畑で栽培した牧草（イタリアンライグラスやエンバク）をヤギのエサとして活用します（第2章）。そこにできるだけ早くヤギを放したいところですが、狩猟シーズンに放牧したヤギが猟犬に襲われた苦い思い出があります。シーズンの終わる3月中旬までは、草刈り機で刈った牧草を押し切りで細断して給与し、それ以降は田んぼに放牧します（図15）。

6 ヤギを保定するための結び方

ヤギを飼う際には、捕まえて移動させたり、柵に一時的に繋いだり、トラックの後ろに乗せたり、保定が必要となる場面が必ずあります。こうした時に、ヤギを安全に保定できるロープ結びを知っておくと便利です。

ヤギの首を結ぶ

普段、私はヤギに犬用の首輪をつけています。ただし、首輪がない場合、あるいは外れてしまった場合は、根元までギュッと締まることがない「もやい結び」をします（図16）。

ヤギを繋いだロープを固定する

トラックの荷台などに乗せて移動する時は、一方の端を根元までギュッと締まる「柵結び」や「端綱結び」で荷台や柱に結び、しっかり固定します（図17、18）。その時は、ヤギが絡まらないようロープは短めにします。また、首を吊ってしまわないように、結び目の位置は首より下にするのがポイントです。

飼育のポイント

ヤギは地面に落ちた草を食べない

コンテナに入れた草を持っていくと、お腹を空かせたヤギたちが駆け寄ってきて、勢いよく食べ始めます。でも、よく見ると草をくわえて顔を起こした時にポロポロと草が口から地面に落ちていきます。与えた量の20～30％ぐらいでしょうか？　困ったことに、ヤギはよほどのことがない限り、地面に落ちた草や、糞・泥が付いた草を食べません。理由はわかっていませんが、寄生虫に感染するリスクを本能的に回避しているのかもしれません。

刈った草を無駄なくヤギに与える時に役立つのが草架（そうか）。網目を通して少しずつ草を食べさせるのがポイントです。草架を使うことで食べ散らかすことがなくなり、刈った草のロスを減らすことができます。

草架を使った草の給与。網目は10cm×5cmぐらいがちょうどよい

ヤギの飼育に役立つ結び方

図16　もやい結び

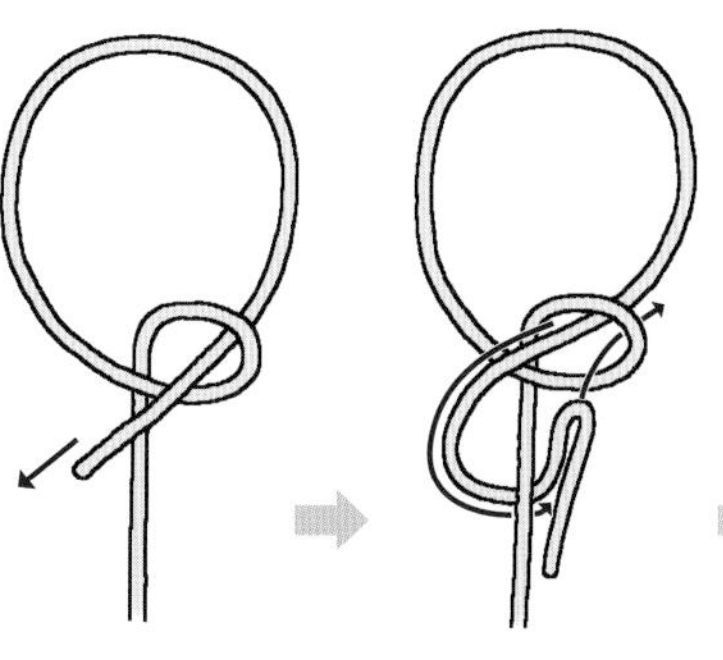

先端を
折り返した状態
で輪に通す

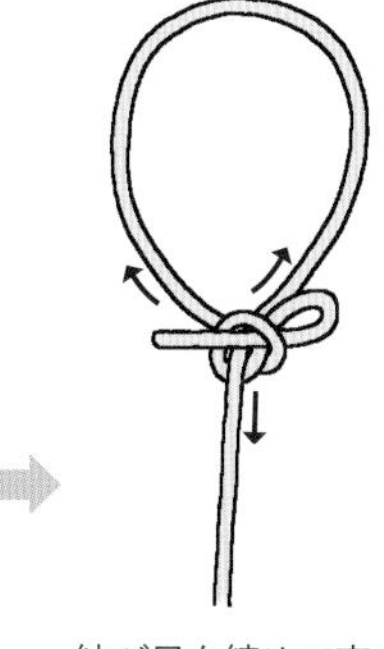

結び目を締めて完成。
先端を引けば
簡単にほどける

図17　柵結び

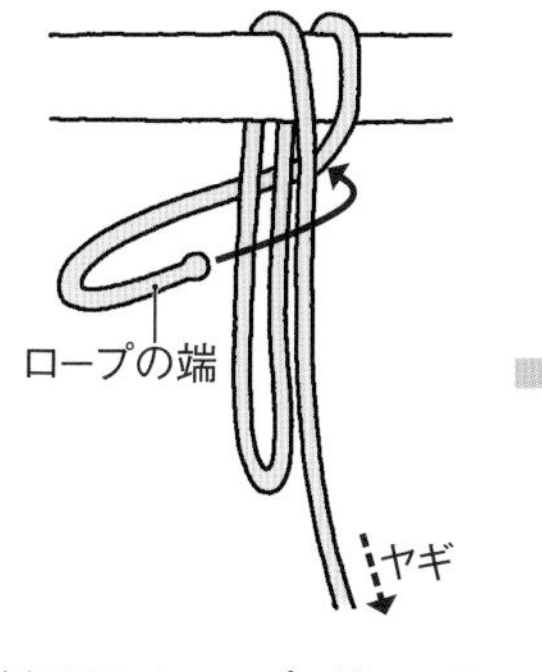

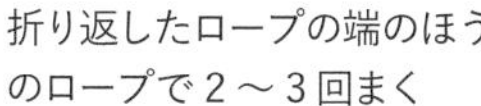

折り返したロープの端のほう
のロープで２～３回まく

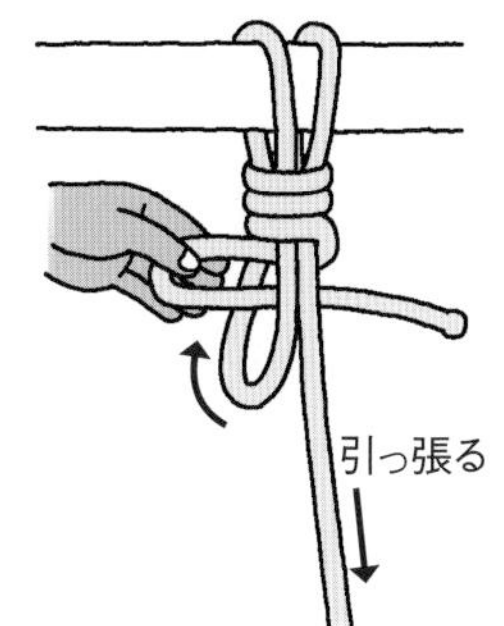

輪が小さくなって結び目が
締まる

図18　端綱結び

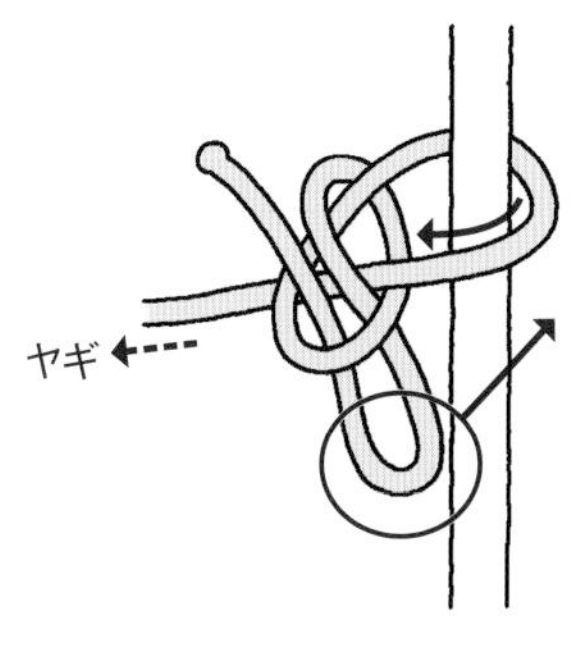

この輪をつかんで柵の
ほうへ引っ張って結び
目を締める

4 アイガモを放飼する

この章では、水田でのアイガモの放飼について紹介していきます。また、繁殖方法の詳細は、第6章をご覧ください。

1 はじめに

田植え直後の水田にアイガモのヒナを放すアイガモ農法。皆さんもよくご存じだと思います。私も田植えから1週間後にアイガモのヒナを放し、その後、水田での働きを終えたアイガモを肉用または採卵用に飼育します。水田で集団になって泳ぎ回るアイガモの姿は楽しげで、ついつい見入ってしまいます。アイガモの水田放飼は中国を発祥として古くから行なわれてきました。稲作とアイガモを組み合わせた先人たちの発想と観察力には、頭が下がる思いです。

2 アイガモの種類と特性

アイガモの由来

アヒルは漢字で「家鴨」と書きます。ニワトリと同様にアヒルにも、成長が早く産肉性に優れた肉用種や産卵性に優れた卵用種が数多く作出されています。でも、その祖先はいずれもマガモ（真鴨）です（図1）。「アイガモ（合鴨）」は、アヒルとマガモの交配から生まれたもの、あるいは品種が異なるアヒル同士の交配から生まれたものの総称です。

したがって、アイガモといっても掛け合わせによってその特性は大きく異なります。日本では現在、5～6種類のアイガモが流通しています。私が飼っているのは、マガモ系アイガモ、大阪アヒル、そして薩摩黒鴨の3種類です。いずれもアイガモ農法に用いるために飼育しています（図2）。

マガモ系アイガモの外観は、マガモにそっくりです。アヒルとの掛け合わせにより、その体重は1・5～1・8kgとマガモよりひと回り大きくなり、産卵能力もアップ

アイガモの由来と種類

図1　アイガモの祖先のマガモ

体重が 700 ～ 800g、年間産卵数は十数個

図2　日本で手に入る主なアイガモ

このうち、私が現在飼っているのはマガモ系アイガモ、大阪アヒル、薩摩黒鴨の３種類

しました。しかし、アイガモの中では小型の部類に入り、水田内を素早く泳ぎ回る働き者です。大阪アヒルは、成長が早く、成体重が３kgに達する肉用のアイガモで、水田でもよく働きます。薩摩黒鴨はその名の通り、羽根が黒色で、アイガモ農法向けに開発された卵肉兼用種です。

雑食性で、草もウンカも食べる

水田に放されたアイガモは、最初は少し不安げに、小さな集団になって泳ぎ始めます。でも、しばらくすると縦横無尽に水田の中を泳ぎ回るようになります。アイガモのヒナは、顔を水中に潜り込ませて夢中で何かを探したり、すばやくイネをくちばしでつつき、サッと何かを捕らえたりもします（図３）。

そのアイガモのヒナは、いったい何を食べているのか？　90分間放飼したヒナの胃袋を調べてみると、ビックリです。丸呑みされたカエル、ヤゴ、ジャンボタニシがそのままの姿で出てきました（図４）。顔を水中に潜らせていたのはこのためだったのです。

もっとビックリしたのが、大量のウンカでした。ちょうどウンカが飛来した際に調べたこともありますが、１羽で５００匹を超えるセジロウンカを捕食していました。イネをつついていたのは、ウンカなどの害虫を食べてくれていたのです。

3　草取りへの適性

好むのは軟らかい植物

アイガモのくちばしは、水面に浮かんだ雑草や水中の生き物をさらいやすい構造になっており（49ページ）、くちばしの中に入ったものをすべて「丸呑み」します。ただしくちばしの先は丸いため、ガチョウのよ

アイガモの食性

図3　田んぼでのアイガモの採食行動
顔を水中に潜りこませたり、イネをくちばしでつついたりする

うに草を引きちぎるのは得意ではありません。そのためクローバーやヨモギなど軟らかい植物は好んで食べますが、茎葉が硬いイネ科などの植物を食べるのは苦手です。

図5は、10年ほど前に、アイガモがいない水田とアイガモを放した水田の雑草の発生状況を比較したものです。田植え後2～3週間が経過した水田で、前者にはヒエがびっしりと生えているのに対し、後者の水田はアイガモによってきれいに除草されているのがわかります。

実はそのヒエだらけの水田は、放していたアイガモが外敵（キツネ）に襲われ、手取り除草に切り替えた場所でした。その時は取っても、取っても雑草が減らず、結局、途中で草取りを諦めてしまいました。アイガモによる除草効果の大きさを再認識させられました。

ところで、アイガモはヒエなどイネ科植物を食べるのが苦手と述べました。では、水田雑草の中で最も厄介とされるヒエをどうやって除草したのでしょうか？

図4　アイガモは雑食性
水田に 90 分間放したアイガモ（30 日齢）の胃の内容物。カエルやヤゴなどの水生生物のほか、多数のウンカを食べていた。この時は放飼から 2 週間以上たっており、草はほとんどなかった

「足掻き」で雑草を浮き上がらせる

その秘密は、水田を泳ぐ際の「足掻き」にあります。つまり、アイガモはヒエを食べるのではなく、足で地表面を掻くことで雑草を浮き上がらせているのです。

図6の右の写真は、アイガモのヒナを放したすぐ後に、田んぼの水面を撮影したものです。根の付いた小さなヒエが浮き上がっているのがわかると思います。水田に放したアイガモは、「草刈り」ならぬ「草取り」家畜として活躍してくれます。

ただし、ヒエに対するアイガモの除草効果は、ヒエが小さい時に限られます。残念

アイガモによる除草効果と抑草効果

図5　アイガモを放した田んぼと、放さなかった田んぼの違い
アイガモを放さなかった田んぼ（右）はヒエだらけになった

図6　アイガモによる除草のしくみ
足で地表を掻くことでヒエを浮き上がらせるとともに、水を濁らせることで草を抑える（濁水効果）。右は浮き上がった小さなヒエ

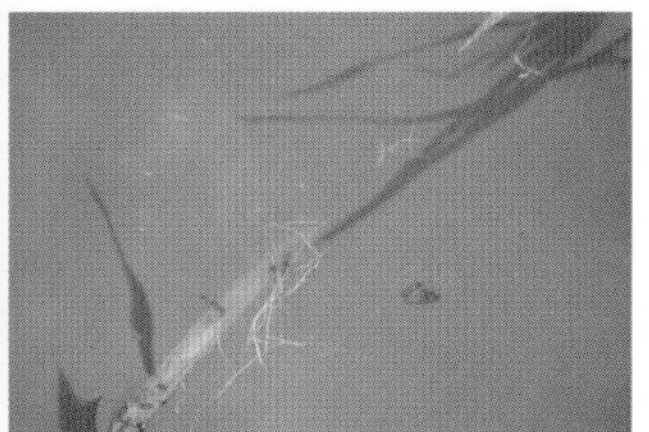

図7　アイガモによる踏圧
水田から引き上げたアイガモを毎年放す飼育場。果樹（ウメ、ブルーベリーなど）が植えられているが、アイガモの踏圧により、全く草が生えていない。葉が軟らかいツユクサなどを刈ってあげると皆集まってきて、とても喜んで食べる

ながら、根をしっかりと張ったヒエを、アイガモが足掻きで除草することはできません。そのため、アイガモ農法では田植えからできるだけ早い時期（7～10日後）に、アイガモのヒナを放すことが除草効果を高める上でとても重要なポイントになります。

濁水効果による抑草

アイガモによる除草効果において忘れてはいけないのが、足掻きの際に生じる「濁水効果」です。アイガモを放した水田では水が濁っており、これにより地表面に注ぐ太陽光が遮断され、新たな雑草の発生を抑制してくれます（図６）。

果樹園や畑は苦手

果樹園などに放したアイガモは、水掻きをペタペタと地面につけながら歩きます。しかし、ニワトリのように鋭い爪で地面を引っ掻き、エサを探すことはありません。水田では高い除草能力を発揮したアイガモの「水掻き」ですが、陸に上がると威力は半減です。樹園地や畑地に放しても、残念なが

アイガモの水田放飼への流れ

図8　スケジュールの立て方
1イネの育苗。 2代かき。 3田植え。 4人工孵化の準備。 5孵化したヒナ。 6水田への放飼

ら、次に登場するガチョウほどの除草効果は期待できません。

ただ、軟らかい草は食べますし、放飼密度が高いと踏圧（足で踏むこと）によって雑草の発生を抑制してくれます（図7）。

4 放飼・飼育の方法

スケジュールは田植えが基準

アイガモの飼育・放飼のスケジュールは、田植えを基準に立てています。

水稲の栽培暦は地域によって異なります。私は、鹿児島の普通期に水稲を栽培します。田んぼの周りにある水路には、年中水が流れているので、私の都合に合わせて「田植え」の日を決められます。

私の場合のスケジュールは、図8の通りです。まずは田植え日を決め、タネ播きの日、田んぼに放しているヤギやガチョウの引っ越しの日、田んぼに水を入れる日、そして、アイガモのヒナをどのタイミングで何羽孵化させるかの予定を立てます。

ヒナの孵化は、代かき（田植え3～4日

前）のタイミングに合わせています。そして、田植え7日後に、孵化10日後のヒナを放します。早く水田に放すことで、除草効果がしっかりと発揮され、少し大きめのヒナを放すことで野生鳥獣に襲われるリスクも減ります。

水慣らしが不可欠

アイガモの飼育で忘れてはいけないのが、ヒナの「水浴訓練（水慣らし）」です。私は代かきをしている時に、その傍らで水浴訓練をします。水浴訓練をせずに水田に放したヒナは、図９（下）のように羽毛が水に濡れ、寒そうに震えています。羽毛が水を弾かないと、体温が奪われ、梅雨時期だと衰弱死してしまうこともあるので要注意です。

水浴訓練の真の目的は「泳ぎ方」を練習させるのではなく、水浴後に「羽繕（づくろ）い」をさせ、羽毛に尾腺から分泌される「脂」を塗る

図９　欠かせない水慣らし
水浴訓練が十分だと上手に羽繕いする。下は水浴訓練が不十分だったヒナ。羽毛が濡れても羽繕いができずに震えている

飼育のポイント

必要なヒナを自分で確保するには？

アイガモは1年を通じて卵を産んでくれます。その数は、年間200個近くに上ります。また産卵された卵は10～15℃で保存すれば14日間貯蔵することもできます。

例えば、雌アイガモを５羽飼育していると仮定して、産卵率を60%、孵化率を60%で計算すると以下のようになります。

計算式
５羽×0.6（産卵率）×
14日分×0.6（孵化率）≒25羽

14日間、卵を保存することで、およそ25羽のヒナが確保できます。雌10羽から50羽、20羽から100羽のヒナが2週間に1度、孵化できる計算です。こう考えると、孵卵器さえ準備できれば、自分でヒナを確保することは決して難しくありません。

ちなみに私の場合は雄２羽、雌５羽を種アイガモとして飼育しており、産んだ卵を長期保存（63ページ）することで6月の田植えシーズンに合わせ100羽を超えるヒナを孵化します。これで私の田んぼと知り合いのアイガモ農家の田んぼに放すヒナが十分に確保できています。

薩摩黒鴨のヒナ

アイガモの日常の世話

図10　私の場合の脱走対策と外敵対策
金網柵と電気柵で囲んでいる。金網柵の目合いは4cm×10cmで、小さいヒナだと逃げ出すサイズのため、水漏れ対策も兼ねてアゼ波シートを柵に沿って張っている

図11　アイガモを見守るセンサーカメラ
写真のセンサーカメラは約7万円。これにsimカードの購入（年間使用料 約1万円）が必要

図12　水田放飼したアイガモへの補助飼料の給与
決まった場所でエサをあげていると、声をかけるとすぐに集まるので、水田放飼を終了する時に、簡単に捕獲できるようになる

表1　補助飼料の給与量の目安（薩摩黒鴨の場合）

週齢	飼育ステージ	飼育場所	飼料給与量（g/羽/日）	
			飽食条件	40%制限給餌
2～4	育成前期	水田	100～200	60～120
5～9	育成後期	水田	200～250	120～150
10～17	肥育	舎飼	200～250	200～250

飼料を給与してから3～4時間で食べきる量が目安。育成期（水田放飼中）に与える飼料の量を飽食量より40%制限しても、肥育時に飽食させれば、と畜時には最初から飽食させたアイガモの体重に追いつくことがわかっている。飼料代の節約にもなる

ことを覚えてもらうことにあります（図9上）。これにより、羽毛が水をしっかりと弾くようになるからです。

24時間放飼が基本

アイガモは夜でも活動します。したがって、夜も水田放飼したほうが、除草効果がより高まります。ただし、水田放飼直後は、ヒナの状態を見ながら、長雨が続くようであれば夜間だけ小屋に戻して保温するなど臨機応変に対応する必要があります。

目安は10a当たり15羽程度

雑草の量に応じて、放飼するヒナの羽数は増減すればいいと思います。雑草が多い田んぼでは20羽以上。私の田んぼでは最近、雑草（特にヒエ）が少なくなったこともあり、10羽程度で十分な除草効果が得られています。

ネット柵や電気柵で田んぼを囲む

脱走対策と野生動物からの被害対策は必須です。私の場合、夏はアイガモ農法によ

る米づくり、冬は牧草を栽培し、そこにヤギやガチョウを放し飼いするため、４枚ある田んぼ全体（約13ａ）を金網柵で囲っており、柵は年中設置したままです。柵を張ったままにする際のデメリットは草刈りが面倒になることですが、幸い私の場合は、柵に絡みつく「蔓性の雑草」をヤギが食べてくれるので助かっています。

また金網柵の周りには、野生動物や猟犬対策で20〜30㎝の高さで電線を１本張り、そこに通電しています（図10左）。

ただし、私の田んぼはそれぞれで２ｍ近い高低差があります。田んぼを大きく囲ったままアイガモを放すと、ヒナが小さい時は田んぼ間を行き来できません。そうなると、田んぼによってはアイガモによる除草や駆虫の効果が十分に発揮されないことがあります。そのためアイガモ農法を行なう時は、さらに田んぼ１〜２枚をネット柵で囲い、アイガモを分けて放します（図10右）。そうすることで、それぞれの水田でアイガモによる除草や駆虫の効果が十分に発揮できるようにしています。

カツオ節だし残渣でDHAが増

マメェ〜知識

アイガモの補助飼料として私が最近注目しているのは、ソバ屋さんがカツオ節でだしを取った後の残渣（カツオ節だし残渣）です。カツオ節だし残渣はタンパク質を多く含み、中性脂肪を減らし、心筋梗塞や脳梗塞の予防効果があるDHA（ドコサヘキサエン酸）も豊富です。カツオ節だし残渣にくず米、米ぬかを混合した飼料をアイガモに給与していますが、肉や卵の生産に問題なしです。

そして、肉よりも卵の卵黄中のDHA含有量が高まる（市販の採卵用飼料を与えた卵の約10倍）ことがわかりました。ただし、水分含量が高く（約50%）、夏場だと４〜５日しか日持ちしないところが欠点です。

産卵シーズンには、カツオ節だし残渣を40%、くず米を40%、米ぬかを10%、そしてカキ殻を10%混合した自家配合飼料を給与していますが、アイガモの嗜好性は良好で、いまはニワトリにも与えています。

これは、あくまでも残渣利用の一例です。アイガモは雑食性で、少羽数であれば放し飼い＋自給飼料による畜産物（肉や卵）の生産も十分可能です。くず米、くず大豆、米ぬか、パンの耳、家庭から出た残飯など身の回りにある飼料資源をうまく組み合わせ、それぞれのこだわりの飼料でアイガモを飼育するのも楽しいものですよ。

カツオ節だし残渣

カツオ節だし残渣40%、くず米40%、米ぬか10%、カキ殻10%を混合した自家配合飼料

アイガモへの給与

カツオ節だし残渣とその給与例

ネット柵を設置する際に、気をつけていることが1つあります。ネットの裾の部分は田んぼの土に埋め込んでいるのですが、これが浮き上がらないようにすることです。水田に放したアイガモはちょっとした隙間を見つけては脱走します。脱走した際に、水田に戻りたくて、慌てているところをカラスなどに襲われることもあるので要注意です。

日常の世話

ヒナを水田に入れて1週間ほどは、毎日様子を見に行きます。以前は、ヒナが元気に泳いでいるかな？　と、ドキドキしながら、早朝に車を走らせ田んぼに向かっていました。最近は通信機能付きのセンサーカメラを設置し、定期的に水田の画像がスマホに送られてくるようにしています（図11）。

放飼を始めてから1週間も経てば、ほぼ心配がなくなります。あとは日々の水管理とアイガモのエサやりをしながら、アイガモ農法を楽しみます。

くず米などの補助飼料が必要

アイガモは食欲旺盛です。水田内の資源だけでは、アイガモのお腹を満たすことができません。そのため水田放飼したアイガモには、通常、くず米、くず大豆、米ぬか、残飯などを補助飼料として給与します（図12）。

補助飼料の給与量は、飽食（好きなだけ食べさせる不断給餌）させた場合より40～50％減らすのが一般的です。これを制限給餌といいます。

制限給餌する目的は、一般的には次の3つです。

①お腹いっぱいに食べさせると水田で働かなくなる。

②エサを与える時に集まるようになり、水田から引き上げる時に捕獲しやすくなる（人に慣れさせる）。

③エサ代を節約できる。

実際のところ、①については飽食であっても制限給餌であっても、アイガモの水田での働きに差がないことが知られています。むしろ②と③の点から制限給餌は重要です。しかし、水田放飼したアイガモに与えるエサを制限しすぎると、水田引き上げ後、いくらたくさんのエサを与えても体重が増えなくなることがあるので注意が必要です。

例えば、薩摩黒鴨は40％程度の制限給餌が、人に慣れ、エサを節約する上でちょうどいいことがわかっています。その際の1羽当たりの給与量の目安は表1の通りです。水田放飼期間中、飼料給与量を40％制限した薩摩黒鴨は、水田引き上げ時（8～9週齢）の体重が、飽食させた場合に比べて30～40％低下します。しかし、水田引き上げ後、十分な飼料を給与することで両者の体重や部分肉の重量に差がなくなり、全体の飼料費が約25％節約できることが明らかになっています。

5 水田放飼に向くアイガモとは？

アイガモ農法に用いるアイガモは、小型のもの（成体重が1・2～1・5kg）から、成長すると4kgを超える大型のものまで様々です。その中で現在主流になっているのは、青首種、大阪アヒル、薩摩黒鴨など、成体重が２〜３kgの中型のアイガモです。

一般に、小型のアイガモは水田内での活動量が多く、大型のチェリバレーは活動量が少ないと言われています。中型で比較的肉量が多い大阪アヒルや薩摩黒鴨は、チェリバレーに比べると活動量が多く、水田放飼時の除草・駆虫効果も小型のアイガモと比べても遜色ないことがわかっています。

結論としては、どれが一番と言うことはありません。それぞれの特性を踏まえ、皆さんの目的に合ったアイガモを田んぼに放してみてください。

コラム

アイガモは生物多様性を低下させる？

有機農業が生物多様性の維持に貢献することはよく知られています。ただ、アイガモ農法については、水田に放したアイガモが旺盛な食欲を示す(図４)ことで、害虫だけでなく、その天敵なども捕食し、生物多様性が低下するのでは？　という懸念の声も耳にします。

そこで農水省などが２０１２年に公表した『農業に有用な生物多様性の生物調査・評価マニュアル』を使って、アイガモ放飼による影響を調べたことがあります。確かに、水中で生活するヤゴやコガタノゲンゴロウなどの数が一時的に減っていましたが、イネで生活するウンカの天敵アシナガグモやコモリグモはアイガモに食べられないように上手に隠れており、その数は減っていませんでした。田んぼ全体で見た生物多様性は「高い」という結果に。少し安心したのを覚えています。

実際、夏に田んぼに入るとイネの葉に一生懸命につかまるカエルや、アゼではペアになったトノサマガエルに出会います。トノサマガエルは鹿児島県でも最近、その数を減らしており(準絶滅危惧)、同じ状況のアカハライモリやマルタニシも私の田んぼでは姿を見かけます。田んぼに放したアイガモは害虫を含む水田の生き物を根こそぎ食べるのではなく、水田生態系の一員として、他の生き物とうまく調和しながら生活しているようですね。

ヤサガタアシナガグモ。葉先に上手に隠れている。これだとアイガモも気づかない

田んぼで出会うカエルたち

5 ガチョウを放飼する

1 はじめに

ガチョウの肉や卵を食べたことがある人はほとんどいないと思います。そもそもガチョウはどんな家畜か？　と聞かれた時に、答えることができる人も多くはない気がします。そのくらい、日本ではガチョウの認知度はまだまだ低いのが現状です。

その一方で、高級食材としてのフォアグラはよく知られています。このフォアグラは、ガチョウに穀物飼料を強制的に給餌することで作り出される「脂肪肝」です。しかし、フォアグラの生産はアニマルウェルフェア（20ページ）の観点から今、問題視されています。

話が少しそれましたが、私がガチョウに出会ったのは20年ほど前のこと。その時のガチョウに対する認識はアイガモよりひと回り大きな水禽ぐらいのものでした。しかし、実際に果樹園での除草利用を行なう中で、ガチョウの持つ草刈り動物としてのポテンシャルの高さに驚かされたのを覚えています。

この章では、ガチョウの草刈り動物としての魅力と放飼のやり方について紹介していきます。

ガチョウの種類と特徴

表1　ガチョウとアヒルの違い

ガチョウ		アヒル
ハイイロガン（ヨーロッパ系） サカツラガン（アジア系）	祖先	マガモ
草食	食性	雑食
季節（春）	産卵	周年
あり	就巣性	なし

ガチョウ（カモ科マガン属）は草食のガンの食性を受け継いでいる。アヒル（カモ科マガモ属）は雑食

図1　ガチョウの種類

手前２羽がシナガチョウ（左から雄と雌）、奥２羽がセイヨウガチョウ（左から雌と雄）

ガチョウの食性

図2　草だけでも大きく育つガチョウ
左が穀物飼料を与えたガチョウ。右が草のみで育ったガチョウ

図3　草を食べるガチョウとその糞
糞は緑色で繊維質が残っている

2 ガチョウの種類と特性

ガンが祖先で草食性

ガチョウはアイガモと同じ水禽ですが、その食性や行動特性は全く違います。先ほど紹介した通り、アイガモの祖先はマガモで雑食性です。これに対して、ガチョウの祖先はガンで草食性です。ガチョウはガンの食性を受け継いでおり、青草を好んで採食します(表1)。

国内で入手可能なガチョウ

ガチョウは、中国とヨーロッパでそれぞれ家畜化されました。国内では、残念ながら専門業者による販売はほとんど行なわれておらず、主に愛好家が飼育しています。

アジア系のシナガチョウは、くちばしのつけ根にコブがあるのが特徴です(図1)。体重は成鳥で雄が4〜5kg、雌が3〜4kgになります。一方、ヨーロッパ系のセイヨウガチョウにはコブがありません。体重は成鳥で雄が5〜6kg、雌が4〜5kgになります。

草だけでもよく育ち、肉も利用できる

水田放飼したアイガモには穀物などの補助飼料の給与が必要であることをすでに紹介しました。これに対して、ガチョウは草のみで育てても肉利用できるサイズに育つことがわかっています。これはガチョウの特筆すべき能力であり、大きな魅力です。

図2には、ナシ園で放し飼いした2羽のガチョウを示しました。左側は穀物飼料を補助的に与えながら放し飼いしたガチョウ。その体重は7カ月齢で3500g近くになりました。右側はナシ園に生えた草のみを食べさせて育てたガチョウ。驚くことに、こちらも3000g近い体重になりました。食べるには十分な大きさですよね。

ガチョウは、繊維質を多く含む草類を消化吸収するための発達した筋胃(砂嚢)と盲腸を持っています。その消化能力はニワトリ、アイガモなど他の家禽・水禽の3〜4倍とされています。ガチョウが草のみで育つ秘密はここにあります。

ガチョウの行動特性

ただし、ガチョウは反芻家畜ではないので、硬い繊維質を消化できません。ガチョウがエサとして利用できるのは水分を多く含んだ青草（野草や牧草）のみです（図3）。

また、十分な量の青草をガチョウに食べさせると卵を産むことも知られています。

このように草食性であるガチョウは、人間の食糧と競合することなく、われわれの食卓に畜産物（卵肉）を届けてくれる理想的な家畜と言えます。

図4　強い縄張り意識
上は首を下げて、侵入者を威嚇するガチョウ。下は一緒に飼育しているアイガモの卵を持ち去るカラスを追いかけるところ

強い縄張り意識で、成鳥は「番鳥」にもなる

成鳥になったガチョウは野生鳥獣に襲われることはほとんどありません。縄張り意識が強く、侵入者に対してけたたましく鳴いて威嚇します（図4）。海外では番犬ならぬ番鳥として農場や民家で飼育されることもあります。

図5　ガチョウのつがい
抱卵する雌と巣の前でそれを守る雄。なんとも微笑ましい光景

就巣性（しゅうそうせい）を持つ

多くの鳥類は子孫を残すために、卵を産み、それを抱いてヒナをかえします。産んだ卵を温めることを「就巣性」と言います。ニワトリやアイガモは改良が進められる中で、就巣性が取り除かれ、これにより年間を通じて卵を産みます。これに対して、ガチョウの産卵には季節性があり、多くの場合、春に繁殖シーズンを迎えます（表1）。産卵の際、ガチョウはきれいな巣を作り、そこに卵を産みます。その卵を回収しなければ、10個ぐらい貯まった時点で雌は抱卵（ほうらん）を始めます（図5）。就巣性を持つガチョウの産卵数は1シーズンに20～30個ほど。ニワトリやアイガモの10分の1に過ぎません。

しかし、私は就巣性を持っていることが、ガチョウの魅力の1つだと考えています。というのは、ニワトリやアイガモのヒナの孵化には、孵卵器が必要であるのに対し、ガチョウは雌が卵を抱くことで自ら命をつないでいきます。自給的な畜産を推進する観点からも、この性質はとても貴重です。

ガチョウの除草能力

図6　ナシ園でのガチョウの除草能力

左が放飼開始時、右が放飼５日後。ナシ園 1a にガチョウ５羽を放し飼いした時のもので、除草効果が明らか

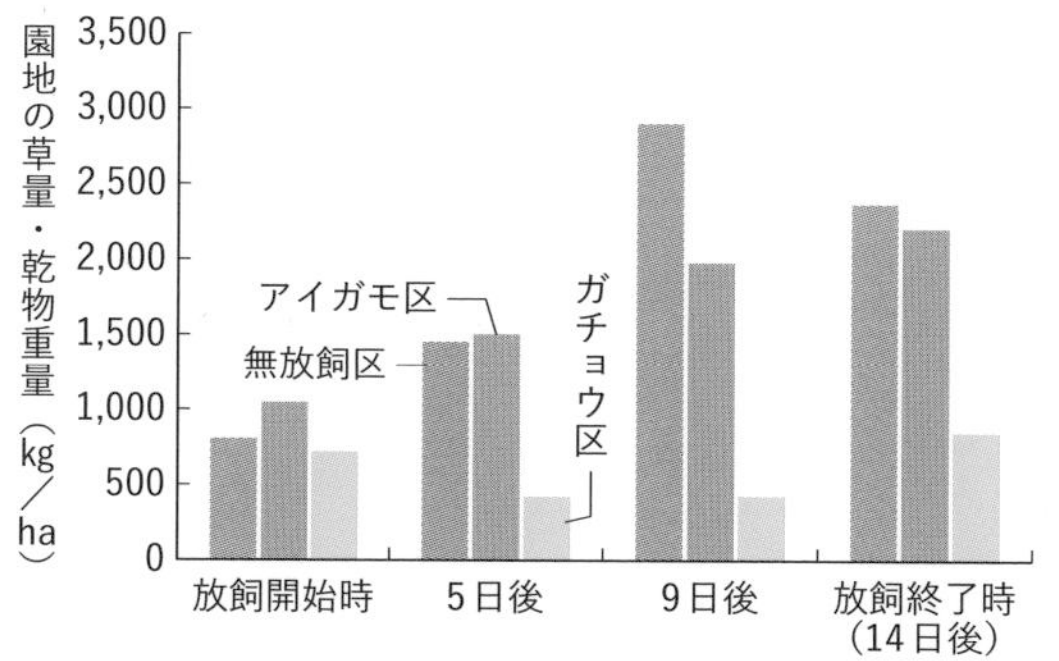

図7　ナシ園におけるガチョウとアイガモの除草能力の比較

ガチョウとアイガモを比較したところ、ガチョウを放した区のみ園地の草が抑えられた。除草能力はアイガモの３倍ある

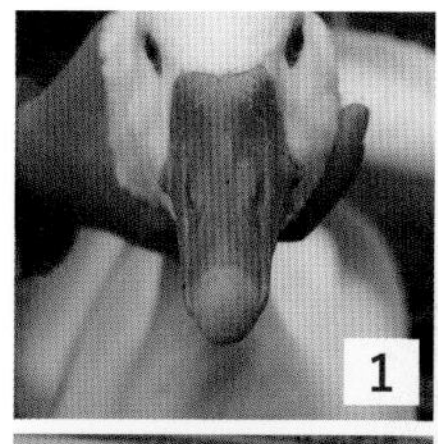

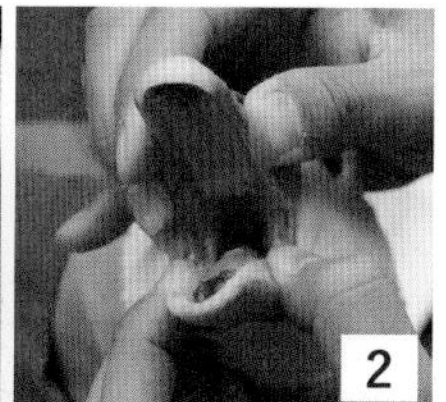

図8　ガチョウのくちばし

1外観。2内部。3アイガモのくちばし

図9　ナシの木についたコケを食べるガチョウ

図10　イネ科の草を採食するガチョウ

3 草刈りへの適性

除草能力はアイガモの3倍

ここで以前行なった、ナシ園での除草試験の結果を紹介したいと思います。この時は、ナシ園にアイガモとガチョウを5羽ずつ（面積は1aずつ。放飼密度50羽／10a）放しました。

ガチョウはナシの樹の下に生い茂るイネ科草（主にイヌビエ）を活発に採食し、5日後にはその除草効果がはっきりと見て取れました（図6）。園地の草量を比べてみると、アイガモ区と何も放さなかった無放飼区では、日数の経過とともに草量が増加しているのに対し、ガチョウ区ではほぼ変化がないことがわかります(図7)。試験終了時には、ガチョウ区の草量はアイガモ区の3分の1であり、ガチョウはアイガモの3倍の除草能力を持つことがわかりました。

ナシ園では、アイガモが採食しないイネ科草の葉をくちばしで挟み、引きちぎりながら採食するガチョウの様子が観察されました。食性の異なるアイガモとガチョウのくちばしを比べてみると、その違いがよくわかります(図8)。

雑食性のアイガモのくちばしは水面に浮かんだ雑草や水中の小動物をさらいやすいように先は丸く、平べったくなっています。これに対し、ガチョウは草をしっかりとつかめるように先が軽く尖っています。驚くことに、ナシ園でガチョウは草だけでなく、ナシの木に付着したコケも器用に採食していました(図9)。

好きな草と嫌いな草

ニワトリやアイガモなどの家禽・水禽は「味音痴」とよく言われます。確かに人のように細かな味の違いを感じ取ることは難しいですが、最近では有毒植物に含まれる苦みやえぐみを感じとり、採食を避けることが知られています。

ガチョウにも、好きな草、嫌いな草があります。ヒエなどのイネ科草、クローバーなどのマメ科草、カヤツリグサやツユクサなどは好んで採食します(図10)。逆にイヌタデ、ギシギシのようにえぐみ物質(シュウ酸)を含む草やセイタカアワダチソウ、ササ類など茎や葉が硬いものは採食しません。

図11　様々な場所でのガチョウの放飼

果樹園、休耕地、水田畦畔…
いろんな場所で高い除草能力を発揮

ナシ園で優れた除草能力を発揮したガチョウ。これまでに、ブルーベリー園やブドウ園、茶園、そしてツバキ園でも草刈り動物として活躍することがわかっています(図11)。

その他にも、ガチョウが活躍できる場所は、たくさんあります。例えば休耕地。特に、湿田など水気を嫌うヤギが苦手とする場所でも、ガチョウは大丈夫です。私は、田んぼのアゼにも放しています。

ただし、その場合は注意が必要。ガチョウはアイガモと違い、イネ科草が大好きです。もし、水田の中に入ったら、育てているイネがなくなります。以前、アイガモの

図12　長期間放飼する場合
高さ 1.2m のネット柵を張り、その周りに電気柵を 20cm と 40cmの高さに張れば脱走と野生動物の侵入を防ぐことができる（写真は電線が編み込まれているネット柵）

ガチョウの放飼

図13　田んぼでの放し飼い
春はイタリアンライグラスを播いた田んぼで放し飼いにする。ヤギと一緒に放すこともある

ヒナの代わりにガチョウのヒナを放してみたところ、美味しそうにイネをついばみ、水田はまっさらな状態になってしまいました。

ガチョウとアイガモ、同じ水禽ですが食性が異なるため、それぞれの活躍できる場所が違ってくるのが面白いところです。

4 放飼・飼育の方法

飼い始めは成鳥から

アイガモは水田に放飼するため、ヒナを準備しましたが、ガチョウはまず成鳥を導入しましょう。その理由は次の２つです。

①アイガモに比べてヒナの管理が難しい。
②ヒナが野生鳥獣による被害を受けやすい。

私も初めてガチョウをヒナから飼い始めた時、ニワトリやアイガモと同じように飼育して、何羽かを死なせてしまいました。まずは、成鳥を飼育して、その行動や習性をよく知ることが大事です。その上で、次のステップとして繁殖にチャレンジしてください。

飛翔力はなく、ネット柵で囲む

ガチョウは、飛翔力がありません。驚いた時や追いかけられた時、数メートル先まで飛ぶことがある程度です。

短期間であれば、高さ１・２〜１・５ｍのネット柵で囲み、そこにガチョウを放し、草を食べさせることが可能です。もし、長期間、放飼するのであれば、ネット柵と電気柵を併用することで野生動物（特にタヌキとキツネ）に襲われるリスクが大幅に減り、ガチョウも安心して草を食べることができます（図12）。

5〜6羽／10ａから効果を発揮

ガチョウの飼養羽数については、草の量が多い休耕地などは10ａ当たり10〜15羽、ナシ園などの樹園地では5〜6羽放飼することで十分な除草効果が得られます。

24時間放飼が可能

アイガモと同じように24時間放しておくことができます。日常的に必要な管理は、飲み水の交換、脱走している個体がいないかの確認、電気柵の電圧チェックなどで、それほど難しくありません。

また、水浴場は必要ありません。

冬場の飼育とエサの確保

夏は草を中心に飼育できるガチョウですが、ヤギ同様に冬場のエサを準備する必要があります。その方法には、大きく2つあります。

①アイガモと同じように身の回りにある飼料資源（くず米や米ぬかなど）をしっかり与えて飼育する。

②イタリアンライグラスなど寒い時期に栽培可能な牧草を育て、刈って与える、あるいはそこで放し飼いする。

私は田んぼに播いたイタリアンライグラスが育つまで、①の方法で飼育します（11～12月）。イタリアンライグラスが給与可能なサイズに育った時点で、刈り取った草（一番草）を与えます（1～2月）。そして、3～5月の繁殖シーズンには、田んぼで放し飼いして好きなだけ草（再生草）を食べさせます（図13）。

飼育のポイント

ガチョウを保定するには？

離れた場所に移動する時には、ガチョウを一時的に捕まえて保定する必要がでてきます。その際は、ゆっくりと飼育場の隅に追い詰め、長い首を掴みます。ガチョウの祖先であるガンは渡り鳥で、長時間にわたって首を水平に維持して空を飛んでいます。そのためガチョウの首は丈夫で、首を掴んで持ち上げても、頸椎が外れることはありません。

続いて、「羽交い絞め」にするとおとなしくなるので、翼の根元を掴んで移動します。羽交い絞めにせず、翼を自由にさせていると、バタバタと羽ばたきます。翼が顔にヒットしたりすると結構痛いので、要注意です。

1

2

3

4

5

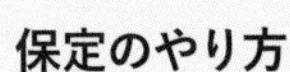

保定のやり方

1はじめに隅に追い詰める。2網をかぶせる。3首を捕まえて捕獲。4羽交い絞めにしたところ。動くことができない。5翼の根元を持って移動

6 草刈り動物の繁殖方法

1 命のつながり

農業の魅力は、農作物や家畜の命をつないでいくことで永続的に再生産できることです。これまで紹介したヤギ、アイガモ、そしてガチョウも、私たちがそれぞれの繁殖メカニズムを理解し、正しく管理することで、彼らの繁殖を成功させることができます。そして、子ヤギやヒナの誕生に立ち合い、その成長を見守り、愛情を注いで育てていくことも、草刈り動物を飼う楽しみの1つです(図1)。

私も成功と失敗を重ねながら、この本に登場する動物たちの繁殖に対する理解を深めてきました。この章では、ヤギ、アイガモ、ガチョウの繁殖のコツと、誕生した子ヤギやヒナの飼育のポイントを紹介していきます。

2 ヤギの交配

トカラ・シバは年中、ザーネンは秋に発情

ヤギは早熟で、産まれて6カ月後には、雌に発情が来ます。雄ヤギにいたっては4～5カ月後には交配が可能になります。ここで妊娠させることも可能ですが、交配を行

図1　誕生した命
誕生したばかりのわが子を見つめる母ヤギと母ガチョウ。優しい眼差しを向けている

ヤギの発情と交尾

図2　雌ヤギの発情の兆候
左が普段のヤギ。右が発情が来たヤギ。陰部が赤く腫れて粘液が出ている

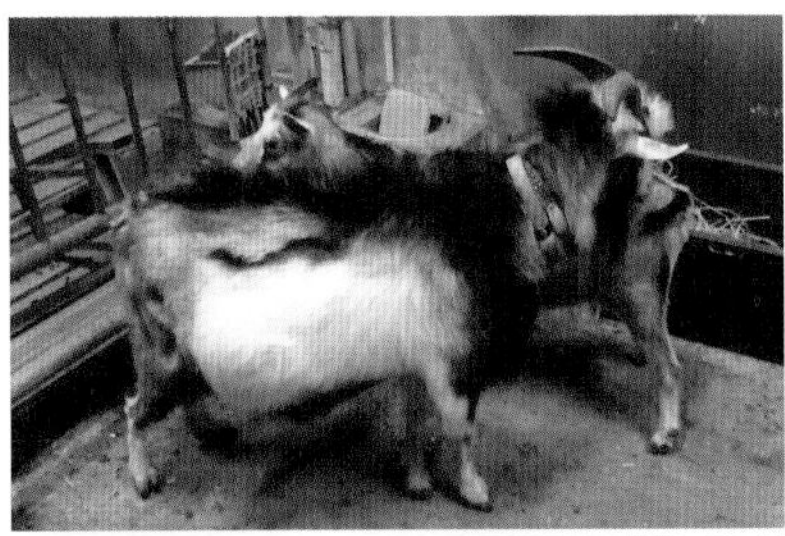

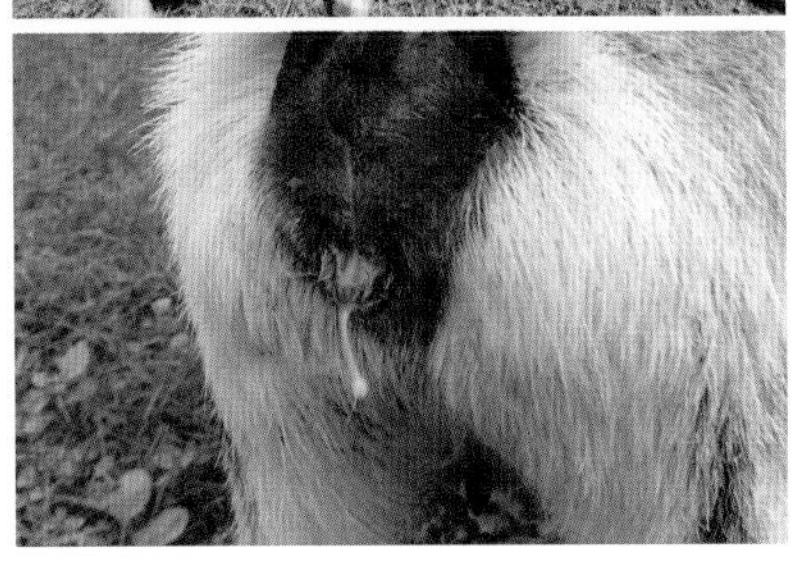

図4　ヤギの求愛と交尾
求愛したあと、雄の乗駕を雌が静かに受け入れる（上、中央）。射精のあと（下）

図3　雌ヤギの発情期の行動
初期には他の雌に乗駕する個体（左）もいる。柵越しにいる雄に近づき、尻尾を振る

なう場合は、体がある程度大きく成長した1歳以上が安心です。

トカラヤギとシバヤギは1年を通じて発情が見られますが、日本ザーネンは秋に発情が来るので、その時に確実に交配を行なう必要があります。

ここでは、ヤギの発情の見分け方、交配から出産、離乳のやり方について紹介していきます。

発情の確認と交配（種付け）

発情が来た雌に雄を交配する。これがヤギの繁殖における第一歩です。

ヤギの発情は21日ごとに訪れます。しかし、発情には個体差があり、それぞれの特徴を飼い主が把握し、交配につなげていくことが大事です。

ヤギに見られる発情兆候は次の通りです。

①尻尾をよく振る（おしりを触っても尻尾を下げない）。
②落ち着きがない（よく鳴く、エサを食べないなど）。
③陰部が腫れている、粘液が出ている（図2）。
④尿の回数が多い。
⑤発情の初期に他の個体に乗駕（じょうが）する（図3左）。

判断がつかない時は、柵越しまたは直接雄ヤギに近づけてみるとよくわかります。普段は雄ヤギが近づいて来ても見向きもしない雌ヤギが、尻尾を振りながら近づき、雄ヤギを受け入れます（図3右）。

いよいよ交配

発情は約2日間、発情の終わりに種付け

ヤギの出産

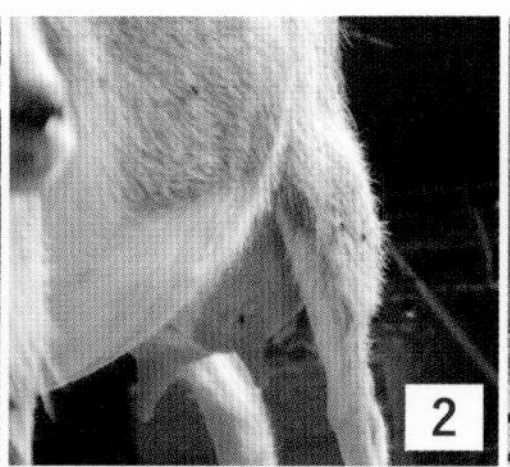

図５　出産間近のトカラヤギ
1出産前の雌ヤギ。前から見て左側のお腹が膨らんでいる。2出産を控えたヤギの乳房。乳房が張って乳頭が八の字のようになる。3陣痛がきて鳴き叫ぶ雌ヤギ（破水直前）

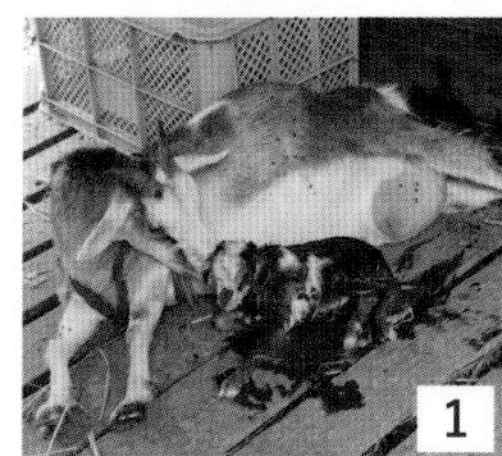

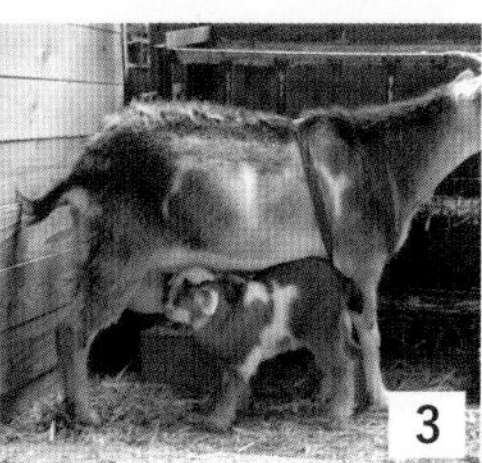

図６　トカラヤギの分娩
1１頭目を出産したところ。ここで母ヤギは子ヤギを舐めて自分の子を認識する。2後産が出てきたところ。これですべての分娩が終了したと判断できる。出てこない時は、もう１頭出てくるかもしれない。3初乳を飲む子ヤギ。ここまでくればひと安心

をすると受胎率がアップします。雄ヤギと雌ヤギを近づけるとお互いに体を密着させ、雄が雌に乗駕して交尾が行なわれます（図４）。

膣へのペニスの挿入から射精まで数秒間で済みます。膣から精液が見えれば、交尾は成功。できれば、半日後にもう一度交配すると確実に受胎します。

妊娠期間は５カ月、３カ月で離乳

ヤギの妊娠期間はおよそ５カ月。図５のようにだんだんとお腹が大きくなってきます。出産間近では、乳房がパンパンに張り、乳頭が後ろから見ると「八の字」になります（図５）。

そして、いよいよ出産。ヤギは多くの場合、日中に出産します。陣痛で鳴き叫ぶヤギを見ているのはつらいですが、２〜３時間もすれば分娩を終えます（図６）。難産になる確率は低く、介助をほとんど必要としません。

まず母ヤギが、産まれたばかりで体の濡れた子ヤギをやさしく舐めます。しばらくすると、子ヤギがふらつきながら立ち上が

マメェ〜知識

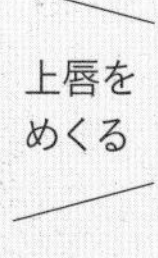

交尾の際に雄ヤギが見せる変顔＝フレーメン

雌ヤギのにおいを嗅いだ雄ヤギは、必ずと言っていいほど、上唇をめくる、あるいは舌をペロッと出して恍惚感に浸った表情を見せます。これは「フレーメン」と言って、性的に興奮した状態を意味します。

上唇をめくる

舌をペロッと出す

り、初乳を飲みます。出産からの所要時間は、1～2時間くらいです。

ここまでくればひと安心。2～3日もすれば、子ヤギは元気に走り回るようになります。ヤギの出産頭数は1～2頭で、双子率が高いのが特徴です。

生後3カ月で離乳

子ヤギは、およそ3カ月で離乳します。離

子ヤギの飼育

図7　雄の子ヤギには要注意

①1カ月齢。まだまだかわいい。②2カ月後（3カ月齢）。子ヤギの睾丸は大きくなっている。③ペニスを出しているところ。④母ヤギに乗駕する子ヤギ。早い個体だと3カ月齢で種付けさせた例もある

飼育のポイント

去勢のやり方

去勢には去勢器やゴムリングを使う方法と、手術により精巣を取り出す観血（かんけつ）去勢法があります。私は去勢器を使って精管を挫滅します。去勢する時期は、産まれて1～2カ月後、離乳する前に済ませたほうが子ヤギのストレスも小さいです。

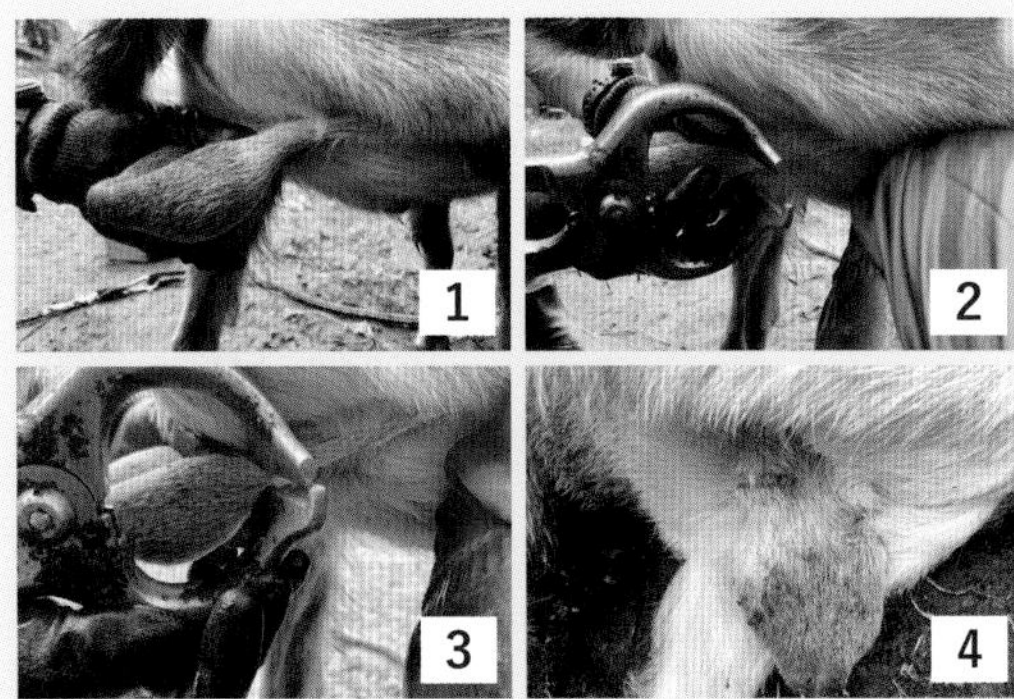

雄ヤギの去勢の手順

①精管をつかむ。②③去勢器をあてて1分間挟んで挫滅する。これを左右の精管に対してそれぞれ行なう。④終了したところ

マメェ〜知識

母ヤギが刷り込まれる？

アイガモやガチョウのヒナは、孵化直後に自分より大きく、動くものを親と認識して追従します。このような学習行動を「刷り込み」といいます。この刷り込みは、孵化してから2～3日以内に生じる期間限定の特殊な学習です。これにより、ヒナは親鳥からはぐれることなく一緒に行動し、捕食動物から自らの命を守ります。

実は、ヤギの親子間でも同じような学習が行なわれます。ただし、ヤギの場合は刷り込まれるのが親のほうです。アイガモやガチョウのヒナは「視覚的な刺激」によって刷り込まれますが、ヤギは「嗅覚的な刺激（におい）」によって、親が自分の子どもを認識します。

ヤギの場合、出産直後に母ヤギが子ヤギの体を舐める際に「におい」を覚えます。産まれたばかりの子ヤギは弱々しく、ついタオルで体を拭いてあげたくなります。しかし、ヤギにとっては親子の絆を深める大事な時間ですから、逆に放っておくことも大事です。

乳後、特に雄ヤギは、母ヤギと別々に飼育する必要があります。交配してしまうためです(図7)。また、雄ヤギはにおいや力が強く、扱うのは容易ではありません。そのため、草刈り用に飼うのであれば、離乳までに去勢するほうが無難です。

3 アイガモの人工孵化

大型なら雌3〜4羽、小型なら雌5〜6羽に雄1羽で飼育

アイガモは、孵化して6カ月後には、雌が産卵を始めます。その頃には、雄が雌の後頭部をくちばしでくわえ、乗駕して交尾をする様子が見られるようになります(図8)。写真では水槽で交尾をしていますが、陸上でもちゃんと交尾しますのでご安心を。雄と雌の比率は、薩摩黒鴨など体の大きいアイガモは、雌3〜4羽に対して雄1羽。小型のアイガモでは、雌5〜6羽に対して雄1羽を一緒に飼うことで有精卵が得られます。

図8 アイガモの交尾

雌・雄の見分け方

成長してからは、「鳴き声」と「外観」で判断します。鳴き声は孵化して2〜3カ月後から違いがわかるようになり、ガアガアと大きな声で鳴くのが雌、クエックエッとかすれた小さな声で鳴くのが雄です。

外観については4〜5カ月後から、雄は尾羽が上に向かってカールしてきます(図9)。大阪アヒルや薩摩黒鴨など雄と雌の羽根の色が同じアイガモでは、こうした違いをもとに雌雄を判別します。マガモ系のアイガモでは、雄の頭部が青緑色に変わってくるので判別が容易です。

ヒナの時は総排泄腔を広げ、ペニスの有無を確認します(図10)。

人工孵化が必須

アイガモは就巣性を持たないため、ヒナを得るには有精卵を集めて、孵卵器で孵化(人工孵化)する必要があります。ここでは、集めた卵の貯蔵法、人工孵化のやり方、ヒナの育て方について紹介していきます。

巣箱にきれいな卵を集める

ニワトリは朝から昼にかけて産卵しますが、アイガモは夜明け前にほとんどが産卵を済ませます。1つ困った点は、ニワトリと違って、あちこちで卵を産むことです(図11)。水浴場の中やぬかるみに産卵することもあります。

汚れた卵は孵化率が低下し、腐敗卵の発生につながります。そこで私は巣箱を作り、雌4〜5羽に1個ずつあてがうようにしています。狭くて暗い場所に産卵する性質があるからです。集めた卵は汚れをふき取り、低温貯蔵庫(12℃)でとがったほう(鋭端)を

アイガモの交尾と雌雄の見分け方

図9　成鳥の場合
マガモ系では、全身茶色のものが雌（左）、頭部が青緑色をしているのが雄（右）。大阪アヒルでは、尾羽がカールしている手前の２羽が雄。孵化して４～５カ月後から違いが出てくる

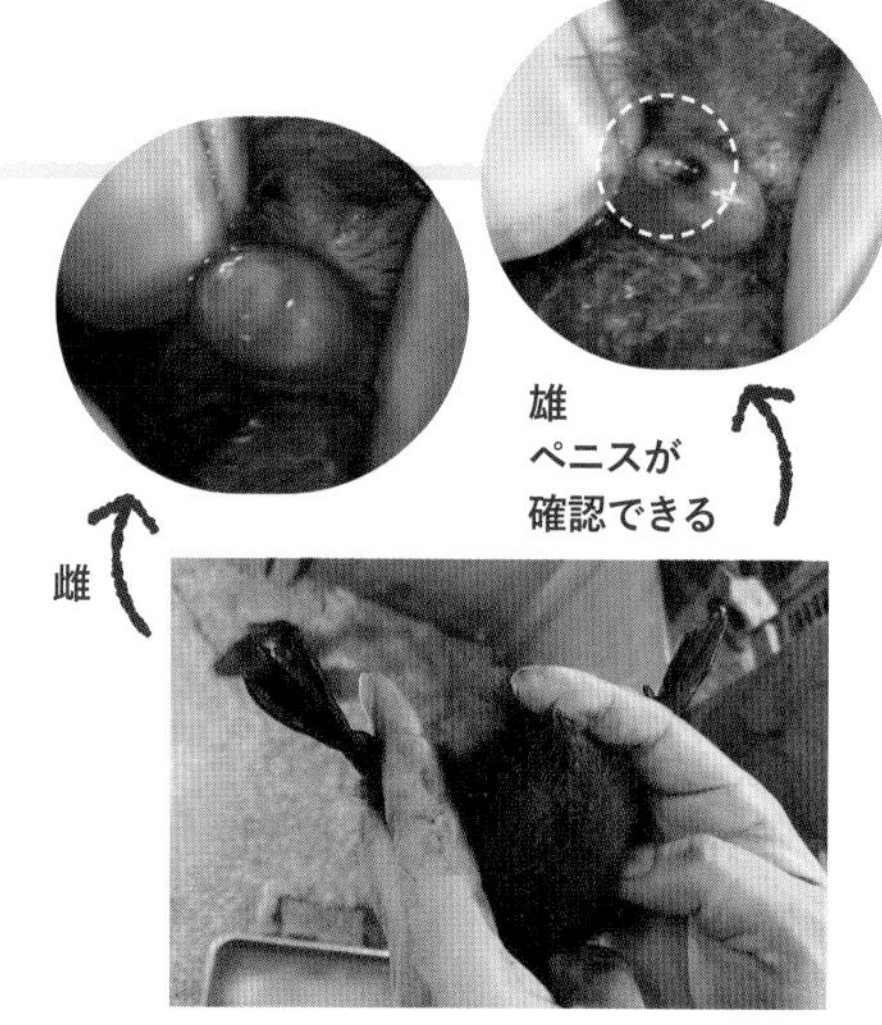

図10　ヒナの場合
総排泄腔を広げたところ

図11　アイガモの産卵
①巣箱に産卵したところ。巣箱は入り口のサイズが高さ30㎝×幅30㎝、奥行きが30㎝。置き場所はニワトリ用と違って地面に置く。②アイガモは巣箱があっても、外で産卵することが多い。③地面やぬかるみの中に産み落とされた卵。ぬかるみの卵は孵化率が低い。④巣箱の入り口にのれんをかけたところ。こうすると中で産卵する割合が高まる

上にして貯蔵します。

2週間以内の種卵がいい

孵卵器に入れる卵のことを種卵（しゅらん）と呼びます。通常は、アイガモが産んだ卵を一定期間貯蔵し、ある程度まとまった数を孵卵器に入れます。あとで紹介する長期保存によって3～4週間卵を保存することも可能ですが（63ページ）、高い孵化率を得るには、産卵から2週間以内の種卵を使うようにします。温度が20℃を超えると貯蔵している間に胚の活力が低下し、それに伴い孵化率も低下します。貯卵にベストな温度は10～15℃、野菜や米の低温貯蔵庫の中がちょうどいい場所で、家庭用冷蔵庫だと、温度が低すぎて乾燥してしまいます。

孵卵器を使って人工孵化する

人工孵化に必要なのが、孵卵器です。数十万円する本格的なものから、最近では通販で2～3万円で簡易なものも購入することができます。私は研究目的で孵化する時は温度や湿度管理が正確にできる前者を、

アイガモの人工孵化

図12　人工孵卵器
左は卵が400個入るタイプで、研究用に使う。右は安価で15個入るタイプ。家ではこちらを使う

表1　孵卵の条件

	ニワトリ	アイガモ	ガチョウ
温度（℃）	37.5	37.0	
湿度（%）	50～60	70～80	
転卵回数／日（自動）	24		
転卵回数／日（手動）	2～3		
転卵の停止日（孵卵器に入れてからの日数）	17	25	27
孵化日数	21	28	30～32

気室
産卵と同時に空気が入り、孵化中に胚へ酸素を供給する場所。胚が発育してヒナの形ができてくると頭が鈍端のほうを向く。最終的にヒナはくちばしで気室を破って肺呼吸を始める

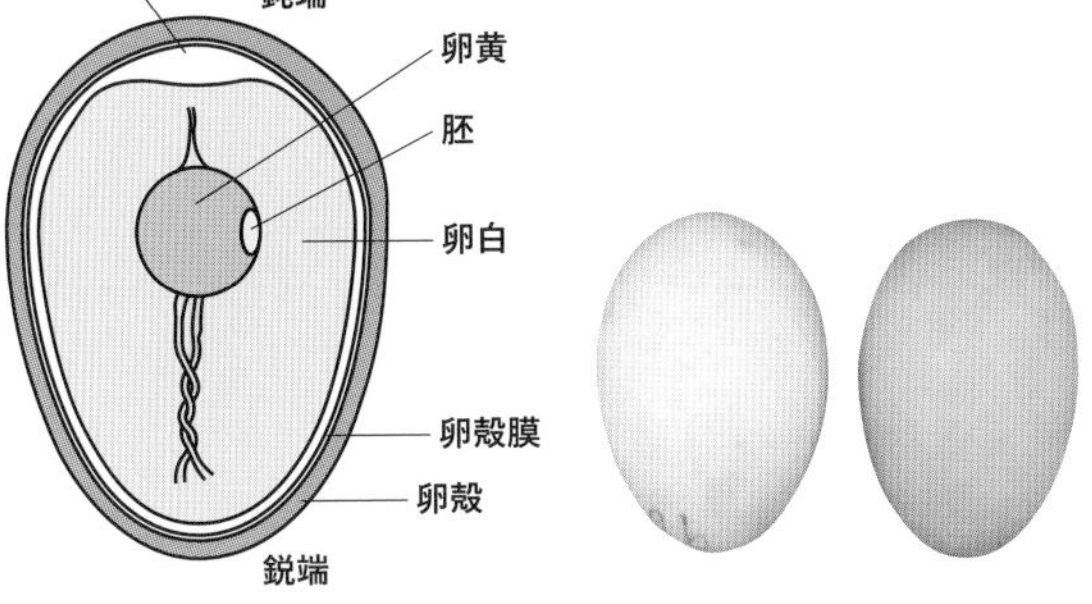

図13　孵卵器に置く時の向きと卵の構造
鈍端を上向きにして孵卵器に入れる

図14　孵化直前でヒナが死亡した死籠り卵

個人的な目的で孵化する時は後者を使用しています（図12）。

安価で簡易な孵卵器では、機械に表示される温度と実際の内部温度に若干ずれが生じるものもあります。また、1日に数回行なう転卵作業（卵の位置を変える）を手動で行なう場合もあります。購入する際には、転卵を自動で行なうタイプか、手動で行なうタイプかをまず確認し、購入後は試運転してその孵卵器の特徴（クセ）を把握してから卵を入れると孵化がうまくいきます。

孵卵器に入れる際、卵は鋭端（とがったほう）を下に、気室がある鈍端を上にして並べます（図13）。

転卵のやり方

転卵は、卵黄の表面にある胚が、卵殻膜にくっつかないようにするために行なうものです。就巣性があるガチョウなどでは、抱卵中、雌がくちばしを使って巣の中で卵を動かす様子が観察されます。手動の場合は、上部の鈍端を、90度ずつ前後に傾けて転卵します。自動のタイプは、同様の作業が一

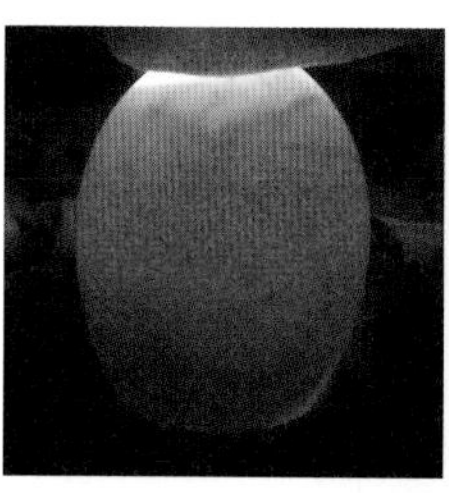
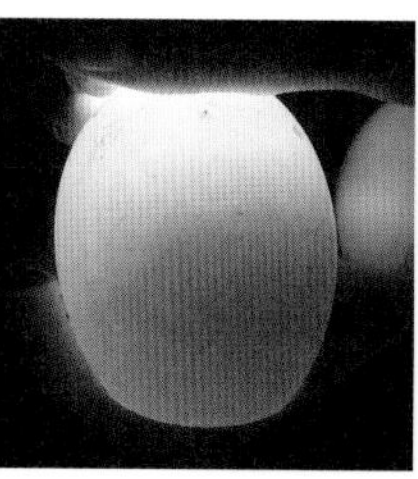
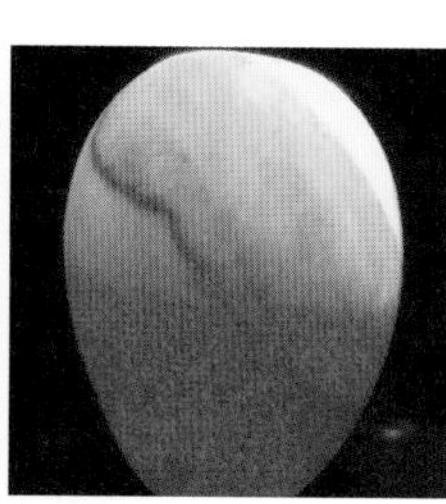

図15　孵卵開始から7日目に上から光を当てて検卵した様子

左から発育卵、無精卵、発育停止卵。発育卵は気室部分が白く光り、血管が張り巡らされているので全体が赤っぽい。無精卵は血管が見られず全体が白い。発育停止卵も発育卵のようには血管が張り巡らされていない

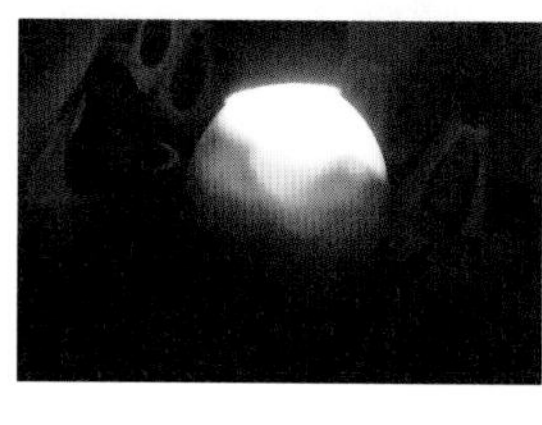
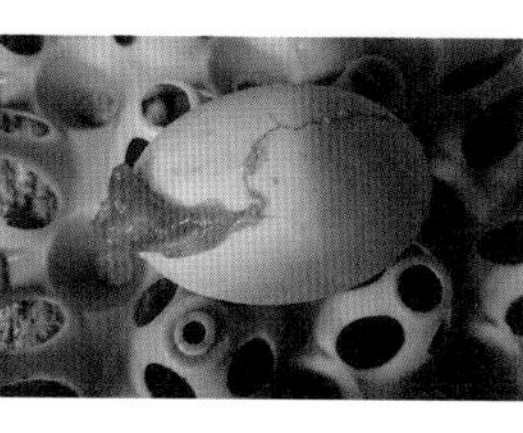

図16　孵卵開始8日目以降に見られた腐敗卵

左は検卵した際の卵の中の様子。右はガスが充満して割れた卵

定の間隔で行なわれます。

孵化直前（孵卵器に入れてから25日目）になったら、転卵を停止します。この時期には、卵の中のヒナが肺呼吸に切り替わっており、卵が動くと、ヒナが出ようと頑張って卵の上側にあけた穴が、膜などの内容物で塞がって窒息死してしまうことがあるためです。転卵を停止したら卵は横向きに置き、静置します。

ニワトリより温度は低め、湿度は高めに

卵を温めることを孵卵と呼びます。孵卵の条件と孵化に要する日数は、表1の通りです。ニワトリは21日、ガチョウは30～32日、そしてアイガモは28日でヒナが孵化します。

私の場合、孵卵器内の温度をニワトリで37・5℃、アイガモとガチョウは37・0℃に設定します。アイガモの温度を若干低くしているのは、湿度を高くするためです。

ニワトリの孵化率は90%程度ですが、アイガモの孵化率は低く70%程度です。その理由は、孵化する直前、卵から外に出る際に時間がかかり過ぎて力尽きてしまう、すなわち「死籠り卵」（図14）が多く発生するためです。ご存じの通り、アイガモのくちばしの先は丸く、卵を割るのにどうしても時間がかかってしまいます。そこで湿度を上げ、ヒナが卵の中から殻を少しでも割りやすくしてあげます。

検卵を2度、発育卵以外は取り除く

卵は孵化までに2回、発育状況を検卵器（市販のLED電球を使った小型懐中電灯でも代用可能）を使ってチェックします。

まずは7日目、鈍端から光を当ててみると、ちゃんと受精し、発育している卵は気室の部分が月のように白く光り、その下では胚を中心に血管がクモの巣状に張り巡らされています（図15）。一方、無精卵は全体が白っぽく、血管が見られません。そして、受精卵の中でも発育が停止した卵では、血管が見られるものの、発育卵のようにクモの巣状になっていません。このように、卵を発育卵、無精卵、発育停止卵の3つに分

孵化直前、そして孵化

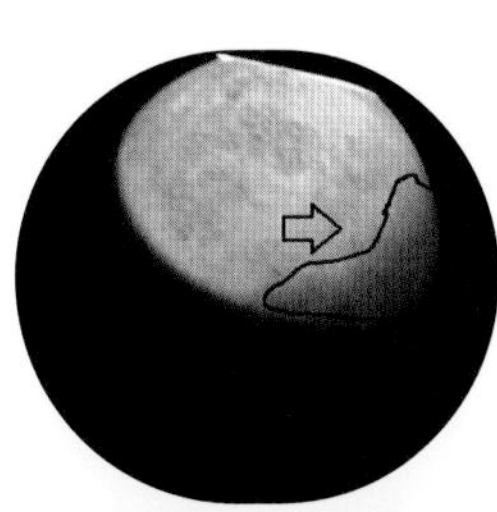
図17　孵卵開始25日目の卵
うっすら見える影がヒナ

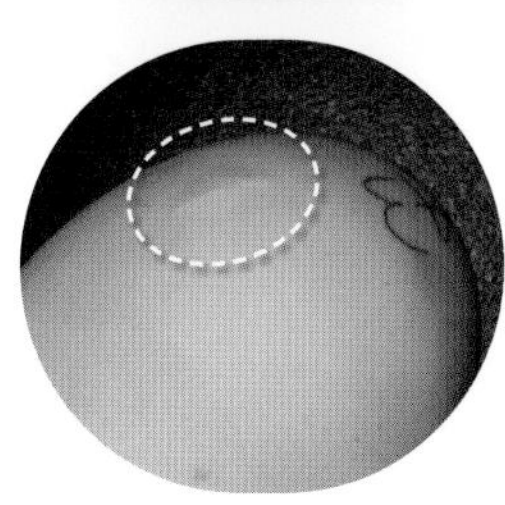
図19　はし打ちが始まったところ
上側から始まる（点線）

図18　人工孵卵器内の卵
上段は25日目までの卵で毎日転卵中。一番下の段は25日目〜孵化までの卵で、転卵を止めて横向きにしてある

け、発育卵以外は取り除きます。

その後、私は20日目頃にもう1回検卵をします。その頃には、順調に発育している卵は気室が大きく、その輪郭もはっきりしています。それ以外の部分は黒く、中で胚が動くことも。ここでは、7日目以降に発育が停止した卵を取り除きます。発育が止まった卵は中が明るく、発育卵との違いがはっきりわかります。

また、ごく稀に腐敗卵が発生することがあります（図16）。腐敗卵は発育卵と違い、気室の輪郭が不鮮明で卵の中が濁り、異臭を放っています。腐敗卵を放置しておくと、その後、爆発して孵卵器内が汚染されるので、見つけ次第、取り除く必要があります。

25日目まで毎日転卵が必要

孵卵器に入れてから25日目、いよいよ孵化に向けた準備です。卵の中を検卵器で照らすとヒナが動いているのがはっきりとわかります（図17）。そして、毎日行なっていた転卵はストップ。温度はそのままで卵を転卵枠から発生枠に移して、静置した状態でヒナの孵化を待ちます（ニワトリは17日目、ガチョウは27日目に転卵をストップし、静置します）（図18）。

26〜27日目になると卵にヒビが入り、中からヒナの声も聞こえてきます（図19）。その様子が気になり、孵卵器を開けて中を確かめたくなりますが、ここは我慢。孵卵器を開けると中の湿度が下がってしまうため、さきほど書いたようにせっかく育った卵が死籠り卵になるリスクが高まります。そうならないように、孵卵器の開閉は最小限にします。順調にいけば28日目にはヒナが孵化します（図20）。孵化直後のヒナは疲れてぐったりとしていますが、しばらくそのままにしておいても大丈夫です。羽毛が乾き、元気に動き出すようになった後に孵卵器から取り出し、飼育場に移動します。

以上のような手順でアイガモのヒナを自分で孵化させることができます。ニワトリやガチョウも孵化までの日数は異なりますが、その手順はほとんど同じです。実際やってみると、意外と簡単にできますよ。孵化するまでドキドキしますが、卵から出てき

アイガモのヒナの世話

図21　ヒナの集まり方で保温状態を判別
左は体を寄せ合っており寒い状態なので、保温器を追加する。中央は適温。右は電球の下を避けており少し暑い状態なので、電球の位置を上げる

図22　アイガモに不可欠な水慣れ
初期からバットに水を張って水浴びさせる

図20　孵化したばかりのヒナ
孵化したばかりのヒナのくちばしにある卵歯。卵の殻を割る際に活躍。しばらくすると消える

たヒナは愛らしく、孵化直後からスキンシップを図ることで人を親と認識させること（刷り込み）も可能です。

ヒナを保温する

孵卵器から取り出したヒナは、エサと飲み水を準備した飼育場で育雛します。ヒナは自然にエサをついばみ始めます。この時点ではヒナは自分で体温を保持できないので、飼育場に電球やヒーターをつけて保温してあげます。

ちょうどいい温度は、ヒナの様子を見て判断できます（図21）。写真の中央のように、電球の下やその周りで適度にヒナが散らばって、気持ちよさそうに寝たり、エサを食べたりしている場合は「適温」です。一方、ヒナが体を寄せ合い、ピーピーと心細そうな鳴き声を出している時は「寒い」。ヒナが電球の下をよけて、ドーナツ状に休んでいる場合は「暑い」。つまり電球の設置位置が低すぎると判断します。

特に寒い時は要注意。ヒナは体を寄せ合うだけでなく、他のヒナの上にも乗ってピラミッド状になります。すると中でヒナが押しつぶされ、圧死してしまうことがあるからです。ヒナは1週間ほどで体温調節機能を獲得します。電球の設置位置を少しずつ高くし、10日ほどで保温をやめます。

水慣らしをしないと泳げなくなる

ヒナは孵化してから1週間ほどで水田に放します。暖かいところで甘やかせて育てていると、アイガモのヒナは泳げなくなってしまい、水田に入れても十分な働きができません（41ページ）。

私の場合は、浅いバットにアイガモのヒナの足が届く程度の水を張り、最初から飼育場に置きます（図22）。それを飲水場兼水浴場として利用します。

大事なのは、水に入った後、くちばしを使って羽繕いをし、尾腺から分泌される脂を羽毛に塗る訓練をさせることです。そうすることで水田に放飼した際に羽毛が水を弾き、スムーズに泳ぎ始めるだけでなく、体が濡れることによる体温低下を防ぐことができます。

飼育のポイント

卵の長期保存でヒナの数を確保

アイガモ農法に取り組む私にとって、ヒナが必要となる時期は限られています。しかもその時期には、たくさん孵化させたい。そのためには、ふつう多くの親アイガモを飼う必要がありますが、エサ代がかかって大変です。

親アイガモの数を増やしたくない時には、種卵を長期間保存する方法がおすすめです。長期保存によって３～４週間経った卵からヒナを孵化させることで、採卵用に飼育する親アイガモの数を減らすことができます。

長期保存する時は、モミガラを敷き詰めた箱の中に、鋭端を上にして卵を並べます。その箱をポリ袋の中に入れ、できるだけ空気を抜いてから封をして貯蔵します。これは、卵、つまり胚の呼吸を抑制して、活力を維持するためです。

産卵から２週間以上経っているため孵化率は低下しますが、50%程度は孵化してくれます。

発泡スチロールの箱にもみ殻を敷き、卵の鋭端を上にして並べ、密閉する

保存期間による孵化率の変化

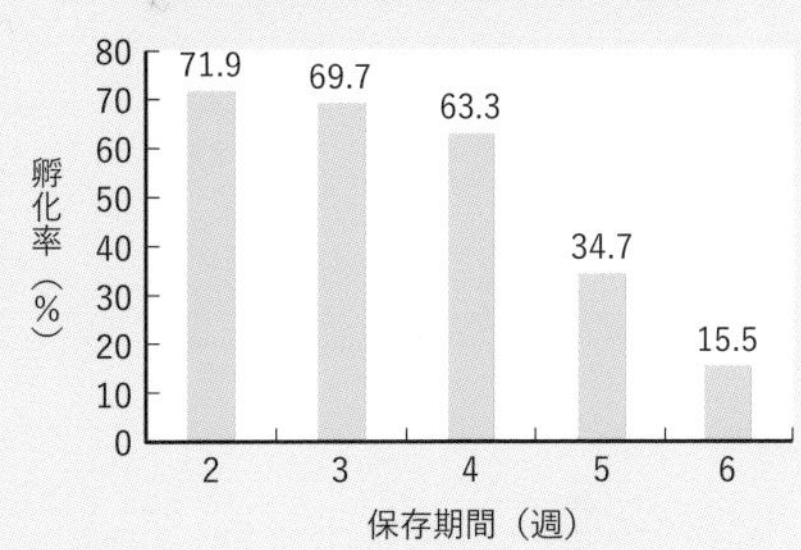

産卵後、２～６週間保存した卵を孵卵器に入れた場合の孵化率。２～４週間なら約60%以上は孵化できた。それ以降はさすがに低下した

4 ガチョウの自然孵化と人工孵化

産卵・繁殖は春に限られる

すでに紹介したように、ガチョウは就巣性を持ち、多くの場合、産卵シーズンは春です。２月から４月に産卵し、１シーズンに20～30個の卵を産みます。春に孵化したヒナは翌春から産卵を開始します。

ヒナを得る方法は、アイガモと同様に孵卵器を使った人工孵化と、ガチョウの就巣性を利用した自然孵化の２通りあります。ここでは、有精卵を得る方法、人工孵化と自然孵化のやり方、意外と難しいヒナの育て方について紹介していきます。

雌・雄の見分け方

第５章で紹介した通り、国内で入手可能なガチョウはアジア系のシナガチョウと、ヨーロッパ系のセイヨウガチョウの２種類です（46ページ）。

シナガチョウは頭のコブの大きさで見分

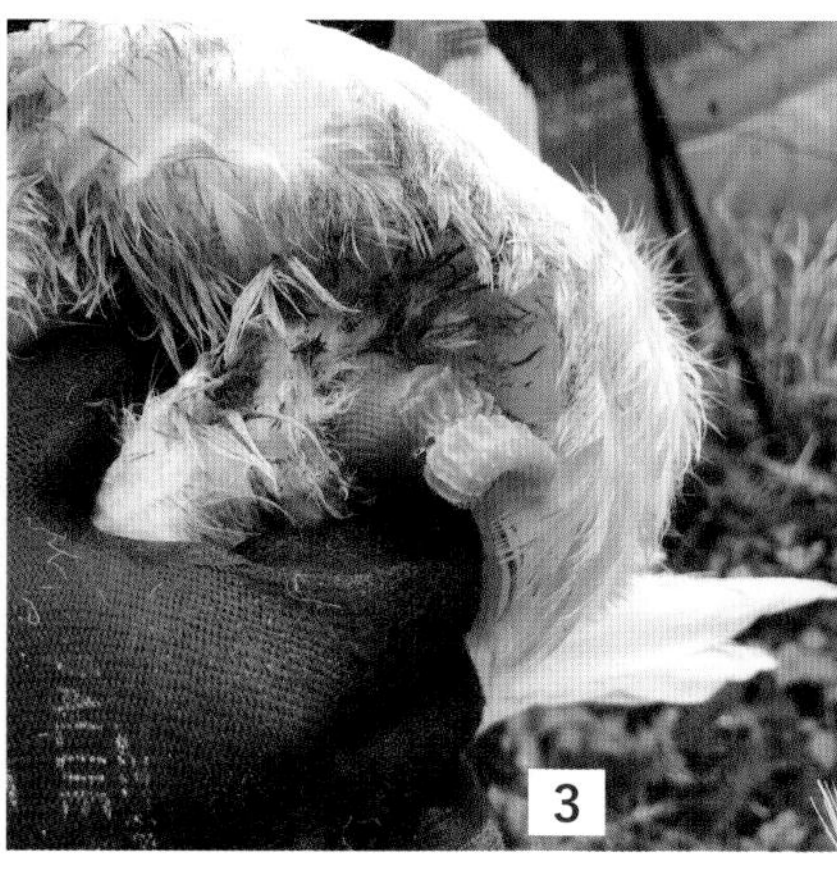

図23　セイヨウガチョウ（成鳥）の雌雄判別
1雌は春先に後頭部に交尾痕が見られる。2腰部をマッサージしているところ。3腰の腹側にある総排泄腔を指圧して雄のペニスを確認したところ

けることができます。大きなコブがあるのが雄、コブが小さいのが雌です。

判別が難しいのがセイヨウガチョウ。春の繁殖シーズンには、雌の後頭部がへこんだように見えます（図23）。これは交尾の際に雄がくちばしでくわえた痕（交尾痕）です。その他の時期は、アイガモとは違い、外観や鳴き声にほとんど違いがありません。どうしても雌雄を判別したい時は、腰部をマッサージしてすぐにひっくり返し、総排泄腔の周りを指圧すると、雄でペニスを確認できます。

雌2～3羽に雄1羽が目安

ガチョウは春に限られた数しか産卵しません。そのため、種卵（有精卵）からできるだけ多くのヒナを孵化し、確実に育成する必要があります。雄と雌の割合については、雌2～3羽に対して雄1羽とし、アイガモよりも雄の割合を高める必要があります。

巣箱を準備すれば、ガチョウはそこに産卵します（図24）。人工孵化する場合は、アイガモと同様に10～15℃で鋭端を上にして集めておけば、2週間ぐらい貯蔵することが可能です。自然孵化する場合は、卵を回収せずにそのままにしておきます。

図24　ガチョウ用の巣箱
寸法は高さ45cm×幅30cm×奥行45cm。アイガモ用よりもひと回り大きい

自然孵化がおすすめ

ガチョウを繁殖させる場合、後で紹介する人工孵化もありますが、自然孵化がおすすめです。

自然孵化を行なう場合は、巣箱で産卵された卵を回収せずにそのままにしておきます。種卵が10個程度たまった時点で、雌が抱卵を始めます（図25）。時々くちばしで転

郵便はがき

おそれいります
が切手をはって
お出し下さい

3350022

（受取人）
埼玉県戸田市上戸田
2丁目2—2

農文協
読者カード係 行

◎ このカードは当会の今後の刊行計画及び、新刊等の案内に役だたせていただきたいと思います。　はじめての方は○印を（　）

ご住所	（〒　　－　　） TEL： FAX：
お名前	男・女　　歳
E-mail：	
ご職業	公務員・会社員・自営業・自由業・主婦・農漁業・教職員（大学・短大・高校・中学・小学・他）研究生・学生・団体職員・その他（　　）
お勤め先・学校名	日頃ご覧の新聞・雑誌名

※この葉書にお書きいただいた個人情報は、新刊案内や見本誌送付、ご注文品の配送、確認等の連絡のために使用し、その目的以外での利用はいたしません。

- ご感想をインターネット等で紹介させていただく場合がございます。ご了承下さい。
- 送料無料・農文協以外の書籍も注文できる会員制通販書店「田舎の本屋さん」入会募集中！
案内進呈します。　希望□

■毎月抽選で10名様に見本誌を1冊進呈■（ご希望の雑誌名ひとつに○を）

①現代農業　②季刊 地 域　③うかたま

お客様コード □□□□□□□□□□

お買上げの本

■ご購入いただいた書店（　　　　　書店）

●本書についてご感想など

●今後の出版物についてのご希望など

この本をお求めの動機	広告を見て（紙・誌名）	書店で見て	書評を見て（紙・誌名）	インターネットを見て	知人・先生のすすめで	図書館で見て

◇ 新規注文書 ◇　　郵送ご希望の場合、送料をご負担いただきます。

購入希望の図書がありましたら、下記へご記入下さい。お支払いはCVS・郵便振替でお願いします。

（書名）	（定価）¥	（部数）部
（書名）	（定価）¥	（部数）部

ガチョウの自然孵化

図25　抱卵するガチョウの雌
巣は枯れ草や綿毛などで作る

図26　自然孵化したガチョウの育雛
ガチョウ社会は家族制。みんなでヒナを守り、育てる

卵しながら、抱卵を始めてから30〜32日目にヒナが孵化します。孵化率は人工孵化と同様に60％前後です。

自然孵化の場合は、人工孵化で必要とされる育雛（いくすう）管理（保温、外敵対策など）を母ガチョウとその仲間が行なってくれます（図26）。ガチョウの社会は家族制で、お互い深い絆で結ばれているからです。抱卵の際も近くで雄が立って見守ります。自然孵化をうまく行なえば、ヒナを毎年、安定的に手に入れることが可能です。

孵卵器を使って人工孵化する

自然孵化では、産卵した卵を回収しません。ガチョウも産卵を始めてから抱卵を始めるまで（２週間ほど）は、産卵後、巣から離れます。この時に野生鳥獣に卵を盗まれてしまうことがあります。こうした時は、人工孵化がおすすめです。ガチョウは、孵化までに30〜32日を要し、孵卵条件はアイガモと同様に温度37℃、湿度は70〜80％と若干高めに設定するとよいでしょう（表１）。検卵はアイガモと同じ７日目と20日目に行ない、転卵は27日目に終了します。受精率は70〜80％、孵化率は60％前後と、決して高くはありません。

ヒナのうちから草をよく食べる

ガチョウを初めて飼う際に、一番難しいのが育雛です。特に、ニワトリやアイガモを飼った経験のある人ほど、なぜか失敗しやすいです。実は、私も初めて孵化したガチョウを死なせてしまいました。

アイガモは穀物飼料のみを与えていても、元気に成長します。ガチョウで同様な飼い方をすると、２〜３週齢までは順調に成長するのですが、４〜５週齢になった時点で増体速度が低下し、とつぜん起立不能になってしまいます（図27）。最初は、その理由がわからず、試行錯誤したのを覚えています。

あとになって、その理由はミネラル不足であることがわかりました。ガチョウの場合、育雛時に最も重要なのは、牧草やクローバーなどの野草を緑餌（青草）として給与することです。ガチョウは、ヒナの段階か

ガチョウの人工孵化と育雛

図27　起立不能になったヒナ
緑餌が足りないと、ミネラル不足で脚が弱り、立ち上がれなくなる場合がある

図28　元気に育ったガチョウのヒナ
白クローバーを採食するガチョウのヒナ。ガチョウの育雛には緑餌が不可欠

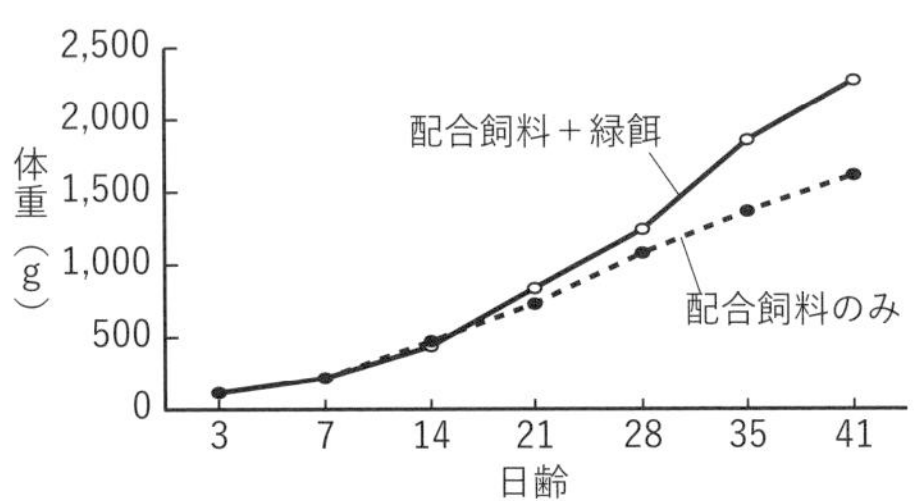

図29　ヒナの成長と緑餌の効果
緑餌はヒナの成長を促進する

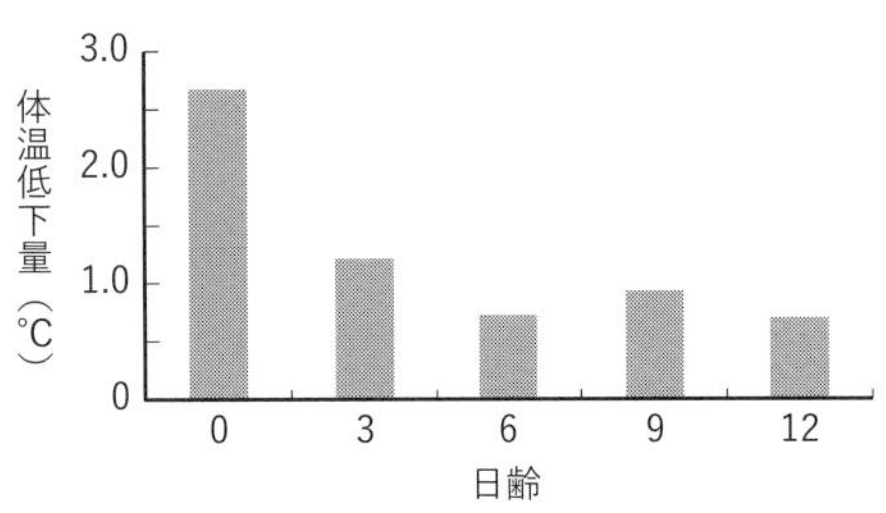

図30　ヒナの体温低下
体温調節機能が備わっていない0日齢、3日齢のヒナは10℃の環境下に置かれた時に低体温になりやすい

ら草を欲し、好んで採食します(図28)。緑餌を給与したヒナの成長は、市販の配合飼料のみを給与したヒナよりも優れており、6週齢では両者の体重に25%近い差が見られるようになります(図29)。

保温管理も重要

ガチョウの体温は40℃前後です。生まれて間もないヒナは37~38℃と若干低めですが、ニワトリやアイガモと同様に1週齢までに体温が40℃前後まで上昇し、体温調節機能を獲得します。図30は10℃の低温条件下にヒナを3時間暴露した時の体温低下量を示したものです。0日齢では3℃近く体温が低下し、3日齢でも1℃以上低下します。しかし、6日齢以降では1℃以内にとどまっており、体温調節機能を獲得していることがわかります。

こうしたことを踏まえ、アイガモと同様に育雛時の保温管理に注意を払う必要があります。また、緑餌を食べさせるために屋外で放し飼いする場合は、急な降雨で体が濡れ、体温低下によって衰弱することもあるので要注意です。

このように人工孵化したガチョウの育雛には細心の注意と経験を必要とします。一方で、育雛してみると大変なのは確かですが、飼育する中でアイガモとの採食の仕方やエサの好みの違いなどに気づかされ、本書で紹介した両者の違いがよくわかります。それはそれで楽しいものですよ。

7 草刈り動物の健康管理

1 はじめに

草を美味しそうに食べるヤギ、水田を楽しそうに泳ぎ回るアイガモ、そしてクールな表情で草をついばむガチョウ、彼らの姿を見ていると、除草してくれるうれしさもありますが、私たちも癒されます。彼らの持っている食性や行動特性を十分に活かす飼い方が放牧や放飼です。

ヤギ、アイガモ、ガチョウは、病気に罹りにくく、非常に飼いやすい動物たちです。除草目的で飼育したヤギやガチョウは、10年間は活躍してくれます。ただ、私たちの管理が不十分だと、体調を崩すこともあります。

病気やケガの治療は獣医師にお願いすべきことです。一方で、ヤギの場合の有毒植物の除去(第3章)、ガチョウの場合の育雛時の緑餌給与(第6章)など、日常管理の中で気をつければ、予防できる事故や病気も少なくありません。

ここでは健康管理をキーワードに各家畜の飼育におけるポイントを紹介したいと思います。

2 ヤギ　寄生虫に注意

健康のバロメーターは反芻

ヤギの健康状態を知る手がかりの1つが、食べたものをきちんと反芻できているかどうかです。草を食べた後、座って、半分目を閉じながらモグモグと反芻しているヤギはまさに健康そのもの。何も問題はありません。

その一方で、図1のように、放牧した後、突然、横たわり、苦しそうにもだえることも。このヤギは胃にガスが溜まっていました(鼓脹症)。この症状は、レンゲなどのマ

ヤギによくある病気

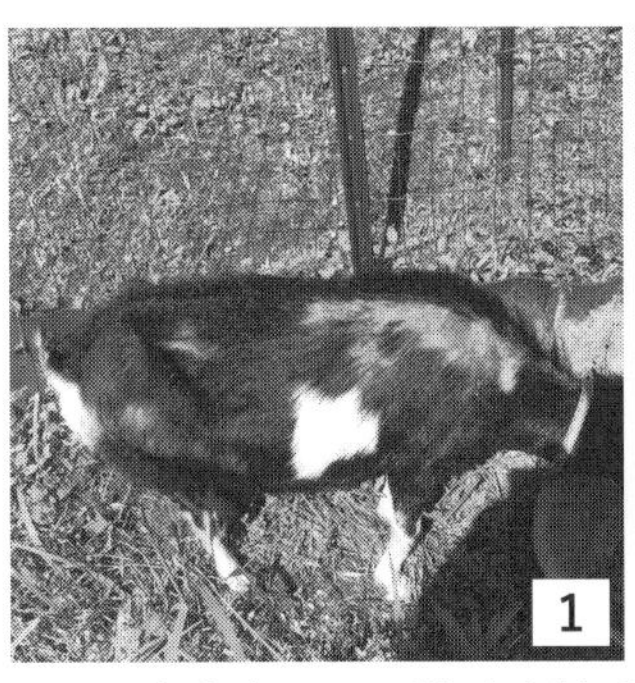

図２　寄生虫による脱毛や被毛状態の悪化

①コクシジウムによる削痩と脱毛。②一般線虫による症状。被毛に艶がない。③駆虫して回復した２頭。毛艶がよくなっている

メ科植物を食べすぎた場合などに起こることがあります。

幸い、この時はお腹をマッサージしてゲップをさせる（ガスを抜く）ことで回復しました。こうした異常に早く気づいてあげること、そして適切な処置をすることが大事です。

寄生虫による下痢に注意

ヤギで注意が必要なのは、寄生虫です。寄生虫の場合、脱毛や被毛の状態が悪化し、食欲も低下します。健康な状態の時と比べてみると、その違いは一目瞭然です（図２）。軟便や下痢が続き、痩せてきたなと思ったら寄生虫を疑いましょう。特に子ヤギでは、下痢で体力を消耗し、最悪の場合、死亡することもあります。早めに、獣医師にみてもらい、駆虫など必要な処置をお願いしましょう。

私は、ヤギの軟便やお尻の汚れが続いた時には放牧を一時中止し、乾草など水分含量の低い飼料を給与することで回復を待ちます。その間に放牧場にある休息小屋の糞を取り除き、石灰で消毒します。

腰麻痺や山羊関節炎・脳脊髄炎（CAE）

このほか、日本ザーネンが罹りやすい病気として、腰麻痺（ようまひ）があります（図３）。これは指状糸虫という寄生虫によって引き起

図１　鼓脹症

お腹がガスで膨らんでいる

図３　腰麻痺

起立不能となったが、このヤギはすぐ獣医師の治療を受けて起立・歩行できるようになった

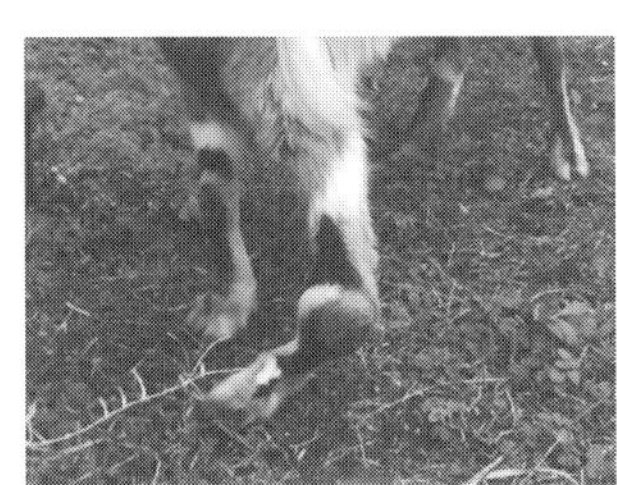

図４　山羊関節炎・脳脊髄炎（CAE）

関節が腫れて曲がっている

糞の状態による健康診断

図5　健康な状態
左のコロコロした粒状の糞は健康な状態。右の塊状の糞も問題なし。このような糞塊は青草をたくさん食べた時などに見られる

図6　要注意の状態
左は軟便で要注意。右は軟便でお尻や肢が糞で汚れた状態

こる病気で、後肢がふらつく、あるいは突然、起立不能になったら腰麻痺の可能性が大です。また先ほど紹介した有毒植物による中毒の場合はよだれや泡を出す、血尿をする、ふらつく、痙攣するなどの症状が見られます。

　このような症状が見られたら、直ちに獣医師による診察を受けましょう。そうすれば、回復することもあります。なお、腰麻痺はトカラヤギとシバヤギは罹りません。

　また、ごくまれに山羊関節炎・脳脊髄炎（ＣＡＥ）を発症し、関節が腫脹して曲がることがあります（図４）。この病気はＣＡＥウイルスが原因で起こる病気で届出伝染病の１つに指定されており、気づいたら最寄りの家畜保健衛生所に連絡する必要があります。ただし、淘汰（殺処分）の義務はありません。

糞を見て健康診断

　日常の管理の中で、ヤギの健康状態を知ることができるポイントは「糞」です（図５、６）。粒状でコロコロの糞をしている時は健康です。軟らかい糞（軟便）をしている時は、下痢の一歩手前で注意が必要です。

　下痢の原因は、口にしたエサ、ウイルス・細菌、寄生虫のいずれかです。エサやウイルス・細菌の場合は、時間とともに自然治癒することが多いです。

日常の手入れ

　日常の手入れとしては、体重の計測や削蹄があります。

　私は大型犬用の体重計（１００㎏まで計測可能）を使って月に１回、放牧しているヤギの体重を測ります。毎月記録しておくと、草が不足している時やちょっとした体調の変化にも気づかされます。

　体重測定の際、ヤギの蹄もチェックします。放牧しているとそれほど伸びませんが、２～３カ月に１回、剪定バサミや小カマを使って、伸びた部分や形を整えます（図７、８）。こうすることで、蹄が伸びた部分にゴミがたまって引き起こされる蹄病（ていびょう）の予防にもつながります。

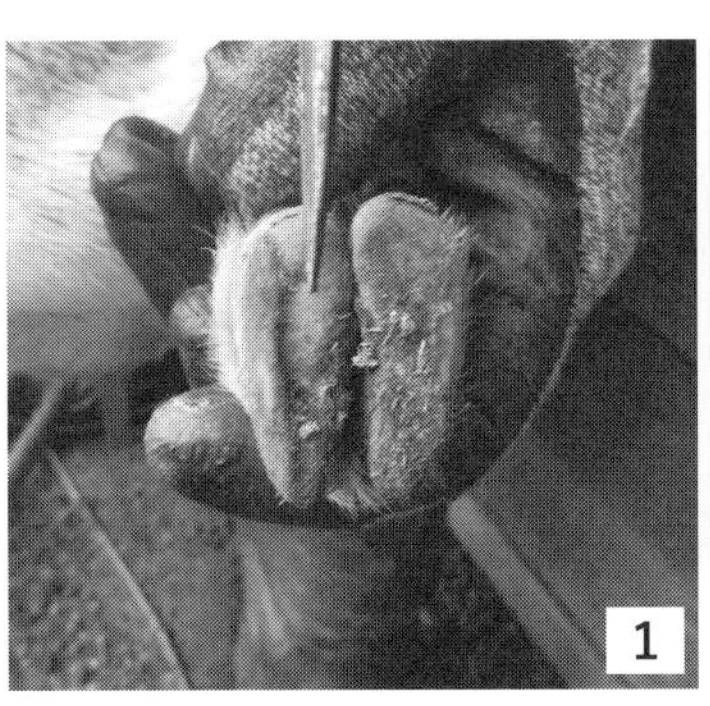
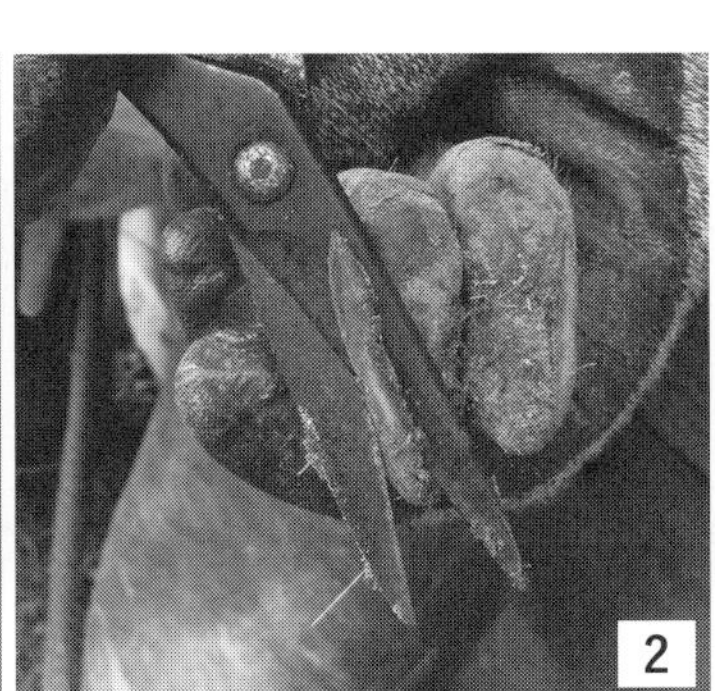
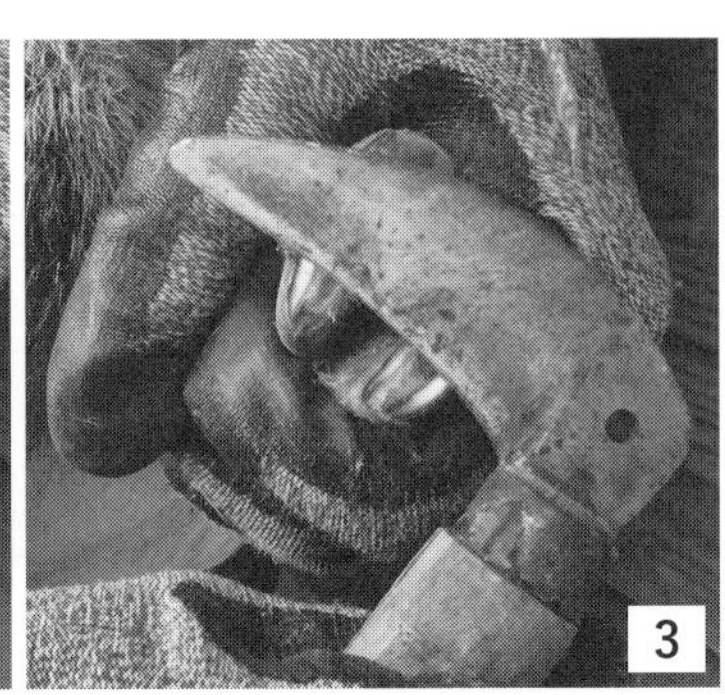

図7　削蹄のやり方

1まず蹄の状態を確認。周縁部が伸びている。2伸びている部分を剪定バサミで切る。3小カマで蹄の底全体を平らにする

図8　削蹄前（上）と削蹄後（下）

巻末の付録2に、ヤギに起こりうるトラブルの一覧表を作成してみました。ここでは、飼育者が対処できること、獣医師に相談したほうがいいことに分けています。参考にしてみてください。

3　アイガモ　清潔な飲み水を確保

病気には強い

アイガモが病気で死んだ記憶はほとんどありません。それほど病気に強い動物です。

アイガモは水鳥なので、飲み水とは別に水浴場を設置してあげると、頻繁に水浴し、そして羽繕いをします（図9）。こうすることで、体を清潔に保ちます。

清潔な飲み水を確保

アイガモはエサを食べる時に必ず水を飲んで流し込みます（図10）。これは、アイガモが乾燥したエサをそのまま飲み込むのが苦手なためです。しかし、水でエサを流し込む際には、くちばしの中にあるエサの一部が水槽内にこぼれ落ち、水がすぐに汚れてしまいます（図10）。特に夏の暑い日には、汚れた水が腐ってしまい、ボツリヌス菌による中毒を引き起こすことがあるため、清潔な水が常に飲めるような工夫が必要です。

水田の水も夏には日中40℃を超え、放していたアイガモが突然、起立不能や歩行困難になる時があります。これもボツリヌス菌による中毒症状です。症状が見られたら、すぐに隔離して、きれいな水をどんどん飲ませてあげてください。多くの場合、回復させることができます。

アイガモ・ガチョウの健康チェック

図9　水浴場のアイガモ
左は水浴び。右がくちばしを使った羽繕い。羽繕いによって尾腺から分泌される脂を羽毛に塗り、羽毛をきれいにして撥水性を高める

図10　アイガモの飲み水
アイガモはエサを水で流し込む(左)。水槽にくちばしを入れた際に、エサが水の中にこぼれ落ち、水がすぐに汚れる（右）

図11　ガチョウの羽毛つつき行動
羽毛つつき行動（左）は草をついばむ行動（右）とよく似ている

4　ガチョウ　ミネラル不足に注意

ミネラル不足に要注意

ガチョウの場合、ヒナの時の緑餌の重要性はすでに紹介した通りです(第６章)。緑餌の給与はヒナの成長を促進するだけではありません。緑餌が不足するとヒナは他の個体のお尻や羽毛をつつくようになり(羽毛つつき行動)、それは相手が出血しても止まりません(図11)。ビタミンやミネラルも不足し、週齢が進む中で脚弱や起立不能となり、死亡する場合もあります。このようにガチョウの育雛時には、穀物飼料よりもむしろ新鮮な緑餌を十分に与える必要があります。

成長したガチョウについては、草のみで産卵することを紹介しました(第5章)。その際に注意が必要なのが、雌のミネラル不足で、時折、産卵中の雌が起立不能になることがあります。草だけだと、卵殻の形成に必要なカルシウムが体内で不足するようです。

そのため、私の場合、産卵シーズンには、補助飼料として、穀類(くず米かくず麦)とカキ殻(カルシウム源)を混ぜたものを与えるようにしています。起立不能になった雌については、一度放飼を中止し、しばらく補助飼料と草を与えていると、たいてい回復します。

鳥インフルエンザや豚熱とどう向き合うべきか？

ブロイラーは孵化から50日後にはと畜され、私たちの食卓にのぼります。わずか1平方メートルのスペースに10羽が暮らしています。限られたスペースで最大限の生産物（鶏肉）を得るように家畜を飼う方法を集約的畜産といいます。一方で、ここ数年多発している鳥インフルエンザや豚熱の伝播は集約的畜産の根幹を揺るがしています。

感染症（伝染病）の発生や流行を予防することを防疫と言います。家畜を健康に育てる上で、防疫に取り組むことはとても大事です。いま、家畜の飼育スペース（畜舎）へのウイルスの侵入を完全に遮断するために、消毒や野生動物の侵入を防止するためのフェンスやネットの設置などが行なわれています。「放牧などはもってのほか」という雰囲気すらありますよね。しかし、目に見えない、そして変異を繰り返すウイルスの根絶は難しく、生産現場は感染症の侵入リスクに常に晒され、緊張状態が続いています。

いま、私たち人類はウィズ・コロナを旗印にして、新型コロナウイルス（COVID-19）と共生する道筋を模索しています。その中でキーワードになっているのが「抗体の獲得」と「三密（密接、密集、密閉）の回避」です。この観点からすれば、畜産においても、ウイルスの侵入や接触を封じ込めるだけでなく、ウイルスと共生するかたちを模索してもいいはずです。

この本で紹介してきた草刈り動物の放牧・放飼では、三密が避けられ、ソーシャルディスタンスも確保されます。のびのびと暮らす中で家畜は健康に育ち、病気に罹りにくくなる、つまり免疫力を獲得すると私は考えています。

コロナウイルスへの対処を通じて、私たちはウイルスとどう向き合うべきか、考えさせられる場面が多くなりました。ウイルスフリーだけでなく、ウイルスとの共生も視野に入れながら、畜産における家畜の衛生管理のありかたを再考する時が来ているのかもしれません。皆さんはどう思われますか？

高密度で飼育されるブロイラー

8 家畜の脱走と野生動物の侵入を防ぐ

図1　家畜と野生動物の棲み分け（イメージ）
脱走防止と野生動物の侵入防止は表裏一体

（＊）

図2　私が設置している電気柵
架線の高さは20、40、60、80㎝。右は本機。ソーラーパネルとバッテリーがついている

1 脱走・侵入の防止は表裏一体

第2章で述べた通り、草刈り動物を飼うにあたっては、家畜の脱走防止と野生動物の侵入防止に対処する必要があり、両者は表裏一体の関係にあります（図1）。私は農地全体を電気柵で囲い、作業をしている時間を除き24時間連続で通電を行なっています（図2）。結果として、この15年間、ヤギなどの家畜の脱走が防止できており、シカやイノシシによる被害もありません。

この章では、ヤギ、アイガモ、ガチョウの放牧・放飼、飼育を行なう上での注意点

ヤギの場合

図3　放牧地でのヤギの脱走防止
上はネット柵。下は電気柵

図4　放牧時の猟犬対策
上は猟の途中で私の農園に迷い込んできた猟犬。私は、狩猟シーズン中の放牧は中止してヤギをワイヤーメッシュ柵で囲んだ放飼場に収容（下）

と、電気柵やネット柵、テグス、音響装置などの設置方法を紹介していきます。

2　家畜の特性に応じた対策のポイント

ヤギは主に脱走防止

ヤギ放牧で最も注意すべきことは、脱走防止です。図3は、ホームセンターでも取り扱っている高さ1mのネット柵です。放牧地に草が豊富にある時は大丈夫ですが、草がなくなってきた時は簡単に跳び越えたり、体を預けてネットをたるませ、その上から出て行ったりします。ヤギの脱走を防ぐ意味では、少し心もとない柵です。

私がおすすめするのが電気柵です。今ではイノシシやシカなど野生動物の侵入防止柵としてよく知られていますが、もともとは草地に放牧した家畜が逃げないように、放牧管理のために開発されたものです。ヤギも電気柵を使って、脱走を確実に防止することができます。

あと、冬場の山あいの地域で注意が必要なのが、猟犬です（図4）。猟犬は一生懸命にシカやイノシシを追いかけているのでしょうが、途中でふと目に入ったヤギを獲物と間違えるようです。お尻などを咬まれるとヤギはひとたまりもありません。

狩猟シーズンは秋から冬の3～5カ月間で、都道府県によって若干期間が異なります。山あいの地域でヤギを放牧する際には、予め管轄する都道府県に狩猟期間を確認しておいたほうが安心です。

アイガモは脱走防止と外敵対策

アイガモ放飼では、脱走防止と野生鳥獣による被害防止の両方で注意が必要です。後者については、私もこれまでカラス、オオタカ、そしてキツネに痛い目に遭いました。カラスには田んぼに放したばかりのヒナを次々と持ち去られ（図5）、キツネには、田んぼに放していた2～3週齢のヒナ40羽

アイガモの場合

図５　放飼直後のアイガモを持ち去るカラス

図６　田んぼの周囲に設置したネット柵と電気柵

ネット柵はアイガモの脱走防止、電気柵は野生動物の侵入防止を狙っている

表１　アイガモのヒナを食害した野生鳥獣の種類

種類	被害羽数（%）
カラス	638（24.9）
タカ	6（0.2）
イタチ	604（23.6）
アナグマ	5（0.2）
キツネ	114（4.5）
タヌキ	20（0.8）
ネコ	4（0.2）
特定できず	1,170（45.7）
合　計	2,561（100）

髙山ら（2011）。被害を受けた状況などから推測。カラスの被害が一番多い

表２　アイガモへの野生鳥獣害の発生時期

時期		回答数（%）
放飼開始後	0～7日目	29（42.6）
	8～14日目	12（17.6）
	15日目以降	19（27.9）
	全期間	8（11.8）
合　計		68（100）

髙山ら（2011）。複数回答あり。最初の７日間に被害が集中している

を一晩で持ち去られました。

タヌキ、テン、イタチなど他の野生動物も、田んぼに放されたヒナを虎視眈々と狙っています。肉食の野生鳥獣にとって、水田で泳ぐアイガモのヒナは格好の獲物です。

今から10年ほど前、アイガモ農法に取り組む生産者を対象にしたアンケート調査を実施しました。回答者75人のうち、49人（65％）が「野生鳥獣による被害あり」と答えました。その年に全回答者が田んぼに放した9670羽のうち、被害を受けたヒナの数は何と2561羽、実に４分の１に及んでいました（表１）。また、生産者の多くが１～２週齢のアイガモを水田に放し、最初の１週間でカラスやイタチなどから大きな被害を受けていることもわかりました（表２）。

調査から見えた傾向が２つありました。１つは、放飼してから１週間以内に被害が集中しているということです。逆に言えば、「放飼直後にしっかりと対策をとって被害を抑えれば、その後は大丈夫」ということでもあります。そして、もう１つが、陸からの野生動物の侵入を防止するだけでなく、空からの侵入対策も重要であることです。

現在、私は田んぼをネット柵と電気柵で囲っています。詳細は、第４章で紹介した通りですが、これはアイガモの脱走防止（ネット柵）と陸上からの野生動物（タヌキやキツネなど）の侵入防止（電気柵）の両方の意味合いがあります（図６）。

空からヒナを襲うカラスに対しては、テグスを設置しています。カラスにとって、翼は生きていく上で欠かせないものであり、傷つくのを嫌がります。この習性を利用して、テグスを設置することでカラスの侵入を防いでいます。

ガチョウは主に外敵対策

同じ水禽であるアイガモが孵化1週間後には水田で放し飼いされ、元気に泳ぎ回るのに対し、人工孵化したガチョウのヒナは7〜8週齢にならないと、終日屋外での放飼ができません。理由は、水浴よりも陸上での歩行を好むにもかかわらず、その動きが緩慢で、外敵に襲われやすいからです。

図7のヒナは、屋外で放し飼いしていました。4週齢で体重が1kgを超え、大きな体をしているにもかかわらず、首をカラスに突かれ襲われているところを間一髪、救出しました。その近くには、頸部を突かれ、頭だけ持ち去られた数羽の死体が散乱していました。

こうしたことから、人工孵化したガチョウではヒナの時、カラス、タカ、タヌキなどの野生鳥獣に捕食されないよう、夜間は小屋に収容する必要があります。ただし、自然孵化した場合には、第6章で紹介したとおり、母ガチョウとその仲間がしっかりとヒナを守るので野生鳥獣に襲われるリスクは小さくなります。

センサーカメラの活用

家畜の脱走と野生動物の侵入の両面への対策を考える上で有効なのがセンサーカメラです(図8)。最近では、ホームセンターの防犯コーナーでよく見かけるようになりました。乾電池で稼働し、赤外線センサーで侵入者を静止画または動画撮影してくれる優れもの。最近は値段も手ごろになり、通信機能を備え、遠隔地でリアルタイムに画像を確認できるものがあります。

私は通信機能付きのセンサーカメラを、①家畜の管理と、②鳥獣被害対策に使っています。このうち、①では、ヤギの分娩や体調の悪い個体の様子を定期的に送られてくる画像で確認します。

一方、②では、田んぼに放したアイガモヒナの様子を確認したり、鳥獣被害を受けた際に被害をもたらした野生鳥獣の特定を行ないます。表1の生産者に対するアンケートの中で、実は最も多かったのが、野生鳥獣による被害を受けたものの、「特定できなかった」という回答(45・7%)です。被害を防止する上で、加害した野生鳥獣を特定することはとても大事なことです。

偉そうなことを言っていますが、これは私が何度も失敗したからです。図9(左)はニワトリを捕食しているオオタカの様子を捉えたものです。この時は犯人を特定するのに3カ月を要しました。その間に、アイガモやニワトリを10羽近く捕食されました。私はこれらの死体を見て、陸上からの捕食者(テン)の侵入と考え、一生懸命に電線やネットを設置していましたが、当然のこと

図7　首をカラスに突かれ出血したガチョウのヒナ

センサーカメラの活用

図8　センサーカメラ

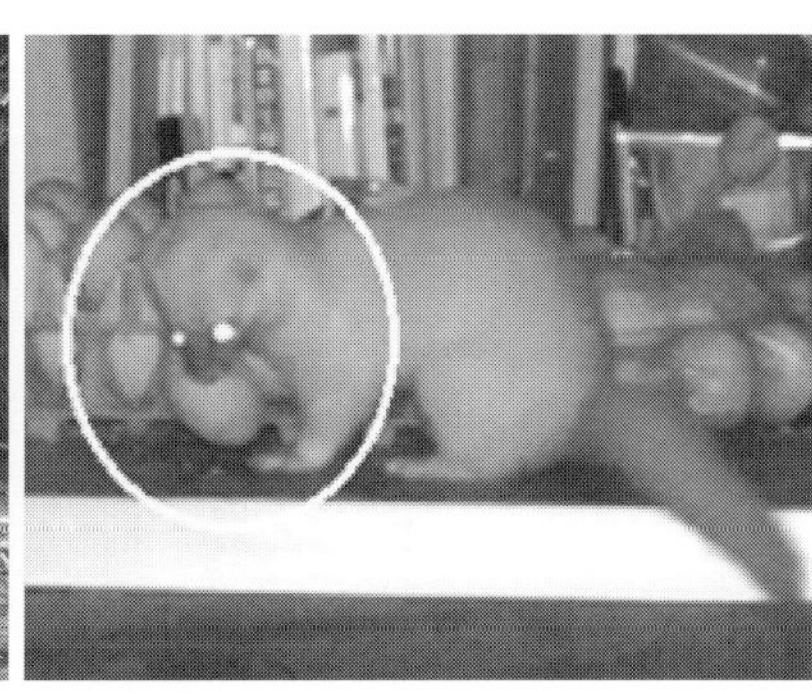

図9　センサーカメラがとらえた野生動物による被害

左はニワトリを捕食するオオタカ。右はアイガモの卵をくわえて持ち去るテン

ですが全く成果はなく…。鳥獣被害対策では、こうした人による思い込みが、間違った対策へと導くことが多々あります。

図９(右)はアイガモの卵をくわえて運ぶテンの写真です。この時も、最初はカラスが犯人に違いないと決めつけていました。

改めて考えると、野生鳥獣たちが加害する瞬間を私たちが目にする機会はほとんどありません。そうした時にセンサーカメラが役に立ちます。撮影された映像から普段、直接目にすることのない野生動物の行動や習性を知ることができ、結果として効果的な対策を取ることができます。

3 設備の使い方

ネット柵

ネット柵には、ポリエチレン製のもの、金属製のワイヤーを編み込んだものなど様々な種類があります。ここでは、ホームセンターなどで販売されている緑色のネット柵(高さ1〜1・5ｍ、ポリエチレン製)について紹介します。

このネット柵、ヤギの放牧や野生動物の侵入防止を目的として長期間使うには、少し心もとないものです。しかし、一般的なアイガモの水田放飼やガチョウの放飼では、軽くて、取り扱いが容易なので重宝します。

アイガモの水田放飼で使用する時、ネットの高さは１ｍもあれば十分です。田んぼの中におよそ３ｍ間隔で支柱を立て、ネットをパッカーなどでとめていきます。その際、ネットの上部だけとめて、裾部は土の中に埋め込むようにします。

ガチョウの放飼で使用する時は、ネットの高さは１・５ｍは欲しいところです。およそ３ｍ間隔で支柱を立てそこにネットを張ります。ガチョウの場合、果樹園や休耕地に放飼することが多いので、上下をパッカーなどでとめる必要があります。また、支柱の間１〜２カ所で、ネットの裾の部分を杭やペグでとめるとガチョウの脱走をより確実に防ぐことができます。

電気柵

電気柵は、電線に専用の本器から一定間

電気柵設置のポイント注意点

図10　電気柵を学習させる
放牧前のヤギ。あえて電線に触れそうな位置で飼料を与える

図11　柵の周りの草を刈る
夏場の草は成長が早い。電気柵の周りに茂った雑草は定期的に刈り取る。電線に触れると漏電し、電圧が低下する。3000V 以下になっていたら要注意

図12　常時通電させる
柵内の草が減り、ヤギが柵外の草を食べようとしている。その際に電線に触れてもビリッと感電しないとわかると、するりと外に抜け出てしまう

隔(1秒間隔)で通電し、これに触れた動物が感電することでビックリして、その後、柵への接近や通り抜け(脱走や侵入)を躊躇するようになります。この気持ちは作業中に誤って電線に触れ、感電した経験のある読者はおわかりかもしれません。正しく設置し、漏電防止のための草刈りや日々の通電チェックなどのメンテナンスをしっかりすることで、草刈り動物たちの脱走と野生動物の侵入を確実に防止できます。

ヤギの場合、最下段の電線を地上から20㎝の高さに設置し、そこから20〜30㎝間隔で3〜4段架線することで脱走を防ぐことができます(図2)。

また、ヤギには放牧前に電気柵の怖さを学習させておくことが重要です。電気柵の傍でロープに繋ぎ、2〜3時間飼料を食べさせます(図10)。すると、「メェ〜」と叫ぶ声が何度か聞こえてきます。最初は感電にびっくりしてパニック状態になります。ロープで繋ぐのは、暴れて逃げ出さないようにするためです。

そのうちに、電気柵を怖がるようになります。こうなればもう大丈夫。よほどのことがない限り、柵の外に逃げ出すことはありません。

電気柵を使う時に、私が心がけていることは、次の点です。①本器を正しく設置する(例えば、アースの設置方法によって電圧も変化します)。②電線を効果的な高さに設置する(対象とする動物の侵入や脱走を防止する高さ)。③常に電気を流す(昼夜通電)。④ナイロンカッターを使って定期的に電線下の草刈りを行なう(図11)。⑤田んぼに行った時は通電状況を必ずチェックする(3000V以上を目安に)。

忙しい農繁期では、草刈りなど電気柵のメンテナンスがついつい後回しになりがちですが、通電していない電気柵を放置すると、ヤギもいずれ気づきます(図12)。そして、いつしか電気柵を恐れなくなります。こうなると、再び電気柵に通電しても脱走を防止することが困難になります。これは、ヒューマンエラーと呼ばれ、柵外から侵入できるチャンスを虎視眈々と狙う野生動物に対する侵入防止効果の低下も意味します。

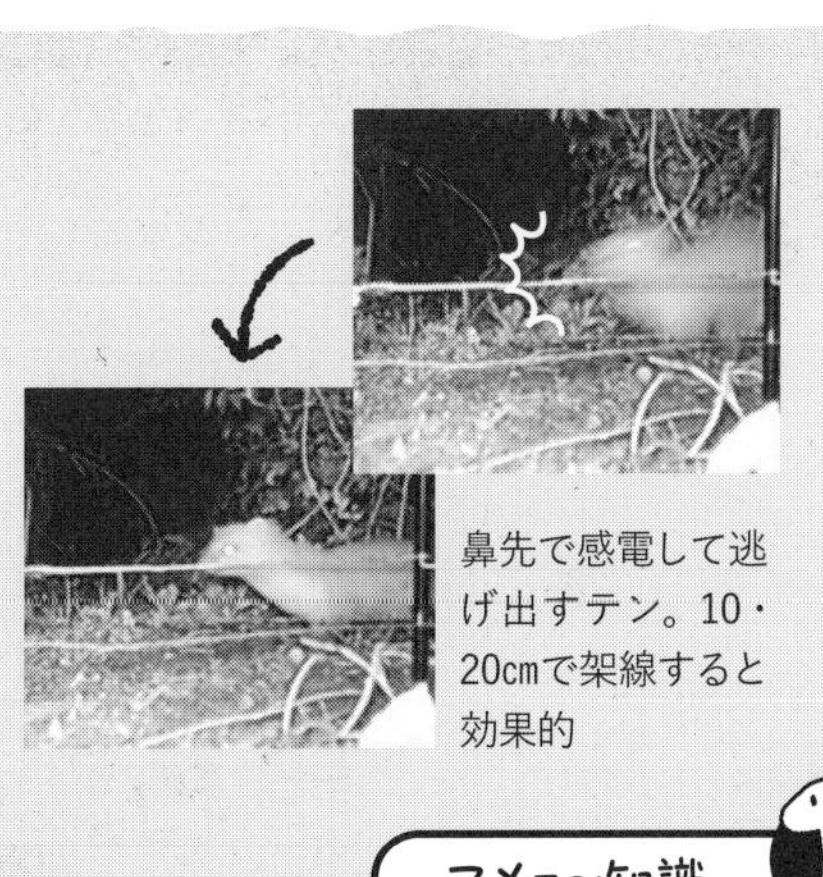

鼻先で感電して逃げ出すテン。10・20㎝で架線すると効果的

鼻先で感電して逃げ出すシカ。高さ 20・40・70・100・140㎝で架線すると効果的

マメェ〜知識

電線に触れた野生動物

私たちは新しいものに初めて接すると、じっくり観察し、ゆっくり近づき、指先で突くなどして安全か確かめます。これを「探索行動」と言います。家畜や野生動物も、見たことのないものに対して同じような行動を取りますが、人と違うのは「指先」ではなく「鼻先」を使うことです。いつも侵入している農地に電気柵（見慣れぬ線）が突然設置されると、そろりと近づき、鼻先でちょんちょんと触って安全か否かを確かめます。この時電気がしっかりと流れていれば動物は感電し、慌てて逃げ、侵入しようとしなくなります。

高さ 20㎝の電線に鼻先で触れるイノシシ

感電に驚き前に跳び込んでしまったが（上）、電線に足が引っ掛かってひっくり返り、慌てて外へ逃げた

電気柵の耐用年数は10年以上で、正しく設置し、しっかり管理すればその効果も持続します。ただし、初めて設置する際には、本器の設置方法や斜面での電線の張り方で迷ってしまうことも。そのため、初めて電気柵を設置する際には、専門業者などにアドバイスを受けるのがおすすめです。

テグス

市販されているテグスの色は、透明、黄、オレンジ、青、黒など様々です（図13）。「どの色がいいの？」とよく聞かれますが、答えるのはなかなか難しいです。カラスは非常に目がよく、これまでの経験からすると、細いテグスでも黒以外のものなら視認できると推測されます。黒以外の色のテグスは、カラスに「テグスが張られている」とアピールし、「翼に当たるのでは？」と田んぼへの侵入を躊躇させる効果があると考えています。

一方、黒テグスはカラスにとって見えにくいと考えられます。カラスはテグスを認識できないまま接近。翼が触れて驚き、その後、怖がって田んぼへの接近を躊躇する

テグスの使い方

図13　透明と黒のテグス

図14　テグスの張り方

上／（黒以外の他の色のテグスも）見えやすいように間隔２～３mで密に張る。高さは1.5mと低め。　下／大雑把でも効果があるので、木を基点に、放射状に間隔を広く張る（広いところで幅５～６m）。後の作業の邪魔にならない高さ（5m）に設置

と推測しています。

こうした効果の違いをふまえ、私は黒以外のテグスは見えやすいように狭く、黒テグスは大雑把に張っています（図14）。なお、テグスの設置はオオタカの対策にも有効です。

音響設備

賢いカラスは様々な音声を使って、仲間同士でコミュニケーションを取っています。これを逆手に取ったのが「音声」による防除で、各種音響装置が市販されています。なかでも多いのが「ディストレスコール（DC）」を利用したものです。DCとは、命の危険に直面したカラスが発する音声（悲鳴）のことで、他のカラスを寄せ付けないことが明らかにされています。ただし、時間の経過とともにカラスが音声に慣れてしまい、徐々に効果が低下していきます。

これにもうひと工夫加えたのが、私が使っている音響装置「トリサッタ」（タイガー株式会社）です（図15）。見た目はなんとも頼りない感じもしますが、効果は抜群。その理由は、この装置にはDCに加えて「アラームコール（AC）」が収録されていることです。ACとは、DCを発するカラスを

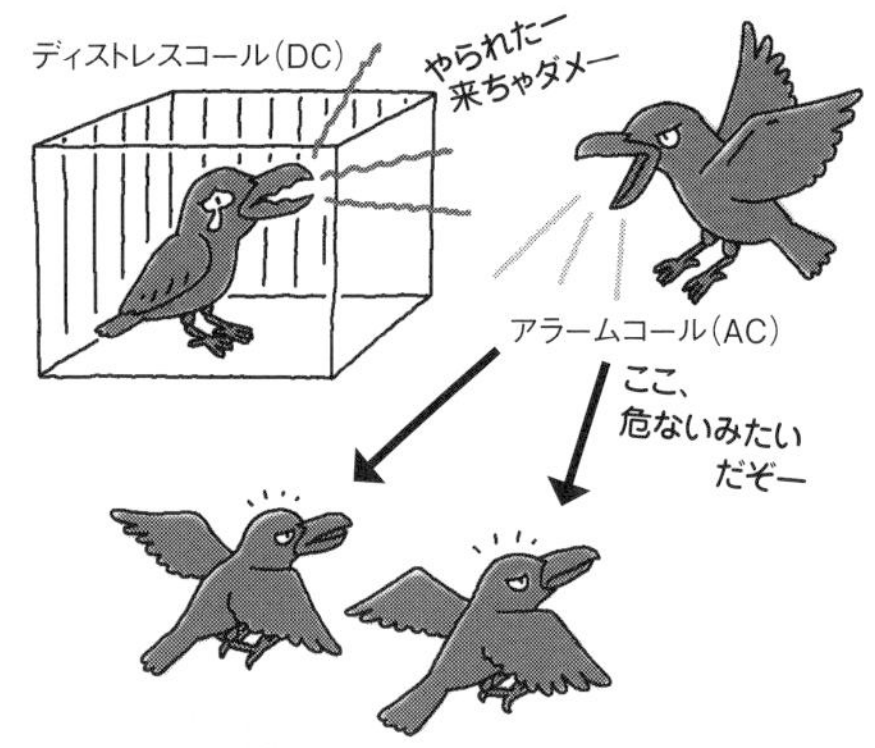

図15　音響装置による対策

筆者が使っている音響装置の「トリサッタ」（タイガー）。ポイントはアラームコール。販売価格は３万数千円。30aに１個設置し、アイガモ放飼時から約１カ月間音声を流す

見た他のカラスが、仲間に危険を知らせる音声のことです。これが加わることで、カラスは音声が聞こえる場所をさらに強く警戒し、DC単体を流すよりも、慣れが生じにくいことが明らかにされています。

　ただし、頻繁に鳴らしていれば、カラスもさすがに慣れてしまいます。そのため、①できるだけ間隔を空けて音声を流す（1日4〜5回でいい）、②必要のない時期は音声を流さない、この2点を注意すれば、効果は長期間にわたって持続します。私はこの装置をかれこれ10年近く使っていますが、いまだにその効果は続いています。

コラム

家畜の野生化が引き起こす問題

　世界的にみて、ヤギの飼養頭数は増加傾向にあります。小型で取り扱いやすく、粗食に耐え、草から木の葉まで様々な植物を採食するからです。

　しかしながら、一部の地域では過放牧が原因で植生が破壊され、砂漠化などの環境問題が引き起こされています。特に、島など限られたスペースでヤギが離されると、優れた環境適応能力と繁殖力によりその数を増やし、そこに生息する植物を食べ尽くし、大きな問題を引き起こすことも。

　日本での代表的な事例が、小笠原諸島のノヤギです。食用として島に導入されたヤギが生態系を破壊し、1970年代から人為的に駆除する事態になりました。

　鹿児島の島嶼地域（トカラ列島や奄美群島など）では、古くからヤギが飼育され、食肉利用されてきました。しかし現在、これらの地域でも、野生化したノヤギが問題視されています（写真）。農作物被害に加え、海岸沿いの崖の土砂の流亡、貴重な植物資源の採食など自然界への影響が懸念されています。おまけにヤギの数も増えており、いずれの地域もノヤギ対策に苦慮しています。

　アイガモについても、野生化のリスクはあります。水田から逃げ出したアイガモが水路をつたって近くの河川に棲みつく可能性もあり、そこで懸念されるのが野生のマガモとの交配です。アイガモの祖先はマガモであり、交配可能です。そして両者の交配は、野生のマガモの遺伝子汚染につながります。

　家畜はあくまでも人の管理下で飼育するのが大原則。飼う以上は責任を持って管理する必要があります。

野生化して崖に棲みついたヤギ（奄美大島）

9 ほかにもいる草刈り動物（ニワトリ、コールダック、ブタ）

1 草刈り適性を見つけだす

これまでヤギ、アイガモ、ガチョウの草刈り動物としての魅力やその放牧・放飼のやり方、飼育する上での注意点を紹介してきました。しかし、「草刈り動物」は、これだけにとどまりません。この他にも、草食家畜であるウシやヒツジ、そしてウマは当然のことながら草刈り動物として高いポテンシャルを持っています。また、最近ではエミューなどの新顔も話題に上ることがあります。動物の食性や行動特性から、新たな「草刈り動物」としての可能性を考えるこ

わが家のニワトリの種類と行動特性

図1　わが家のニワトリ
横斑プリマスロック、烏骨鶏、その雑種などがいる

図2　ニワトリの採食の様子
せわしなく地面をつつく

ニワトリのくちばし

とも、家畜を飼う楽しみの1つです。

この章では、私が現在飼っている家畜やこれまでに実験で飼育した家畜の中から、ニワトリ、コールダック、ブタを取り上げ、草刈り動物としての可能性について紹介したいと思います。

2 ニワトリで庭先除草

飼いやすく、庭先の除草に最適？

私たちにとって、ニワトリは特に身近な家畜の1つです。小型で取り扱いやすく、数羽飼っていれば、私たちの食卓に毎日、卵をとどけてくれることから、世界中で飼育されています。私も常時10～20羽のニワトリを飼って、卵やその肉をいただいています(図1)。

そんな彼らの楽しみは朝のお散歩。エサやりにいくと早く外に出せと言わんばかりに、入り口にみな集合しています。外に出たニワトリたちは脚で地面をかいて、先のとがったくちばしで地面をつつき、植物の種子や昆虫、そしてミミズなどを次々と食べていきます(図2)。たまに目を離した隙に野菜畑に侵入し、芽が出たばかりの野菜が食べられていることも…。こんな具合に、実はニワトリも優れた草刈り動物なのです。

ただし、ニワトリはアイガモやガチョウと違って、ネット柵で囲んでも外に飛び出すことがあります。そこで、床面をメッシュにした移動式のニワトリ小屋を作りました(図3)。そこにニワトリを入れて、毎日移動して除草効果を調べてみました。

その除草効果はてきめん。小さな面積ですがきれいに除草してくれました(図4)。

ニワトリで庭先の除草

図3　移動式のニワトリ小屋
小屋の大きさは幅が100㎝、奥行きが60cm（床面積は0.6㎡）、高さが70㎝。3～4羽飼育できるサイズ。床面はメッシュ。上方に巣箱を備えつけた。下に車輪をつけているので移動が可能

図4　除草効果の比較
上は開始時。下は50日後の状況。きれいに草がなくなった

マメェ～知識

砂浴び

先ほど外に放したニワトリが野菜を食べてしまって…と紹介しましたが、もう1つ困りものなのが野菜を育てている畑で気持ち良さそうに砂浴びすることなんです…。

ブタで見られる泥浴び（21、89ページ）、アイガモの水浴（41ページ）も同じ目的で、これらの行動は寄生虫などを取り除き、体を清潔に保つためにとても大切な行動です。そして、アニマルウェルフェア（20ページ）の観点からもこうした行動ができる環境をつくってあげることが大事です。

ニワトリの砂浴び

コールダックの成り立ち

図5　コールダックの外観
愛らしい姿が人気

図6　コールダックとマガモ系アイガモ
大きさの違いは一目瞭然

畑の隅にでも置いておくと、その場所を除草し、畑で抜いた草を小屋の中に放り込むと喜んで食べてくれるので結構便利ですよ。

3 コールダックで水田除草

世界で一番小さなアヒル

コールダックは体重が1kgに満たない世界最小のアヒル（図5）。かつては、カモ猟で〝おとり〟として重宝され、オランダ語で罠（*de kooi*）を意味するデコイと呼ばれることもあります。近年、愛玩用として人気が高まっています。

多くのアヒルやアイガモが中国やインドネシアを起源とし、いずれもその祖先はマガモです。しかし、コールダックは少し違い、その祖先は、マガモではなく、ハワイ諸島のレイサン島に生息するレイサンマガモとも言われています。

図6は、アイガモ農法でもよく使われているマガモ系アイガモとコールダックを比べたものです。小型の部類に入るマガモ系アイガモよりもさらに小さいのがよくわかると思います。

水田での除草利用

日本でも愛玩用として飼育されているコールダック。とはいえ、さすがにアヒルの仲間です。アイガモ同様に泳ぐのが大好き。2022年、小さな田んぼ（4a）にヒナではなく、2歳のコールダックを試しに放してみました（図7）。すると、アイガモのヒナ同様に草を浮き上がらせ、水はしっかりと濁り、十分な除草効果が見られました。

毎年水田に放すスタイルで

私の飼っているコールダックの成体重は、700〜800gほど。3〜4週齢の薩摩黒鴨に相当する大きさです。

そこで現在は、除草利用に特化して、毎年同じ個体を繰り返し放飼するスタイルを考えています。まさに草刈り動物としての利用です。コールダックの水田放飼は、ヒナの確保や育雛の手間が省け、野生鳥獣による被害のリスクを減らせることが利点と

コールダックでの水田除草と飼育

図7　コールダックの水田放飼の様子
田植えから２週間後の田んぼに２歳のコールダック２羽を放飼（左）、右は出穂時の様子

図8　コールダックの飼育場
1飼育場の全景。2水浴場：水路から水を引いてホテイアオイ（飼料用）を育てているタンクから水が落ちていくようにしている。3産卵箱（高さ35㎝×幅25㎝、奥行きが30㎝）

図9　専用飼料（ペレット）

図10　コールダックの餌付けと水浴訓練の様子

して挙げられます。

放飼の実際

図8は、私が作ったコールダックの飼育場（床面積８ｍ×４ｍ）です。中には、水浴場や産卵箱を設置し、10羽のコールダックを飼育しています。エサは専用飼料（ペレット）と水草（ホテイアオイ）をあげています。

ガチョウと同様、初めてコールダックのヒナを人工孵化した時、３日目で衰弱死させてしまいました。餌付けがうまくいかなかったのです。アイガモと同じようにニワトリ用の配合飼料と水を与えていたのですが、エサをうまく食べられなかったようです。

試行錯誤する中で、ペレット状の専用水鳥用配合飼料（図9）に水を加えて、ヒナにすすらせることで餌付けできることに気づきました（図10）。ガチョウといい、コールダックといい、育雛は難しいと実感しました。

ただし、最初の餌付けがうまくいくと生存率は高くなり、田んぼに放すと泳ぎ回り、

コールダックの孵化

図12　自然孵化したコールダックのヒナ

図11　コールダックの孵化を介助する様子
①はし打ちが始まった卵（25日目）。②ピンセットでくちばしが見えるくらいに穴を広げたところ。③半日後、さらに穴を大きくしたところ。④24時間後、ヒナを外に引っ張り出したところ（26日目）

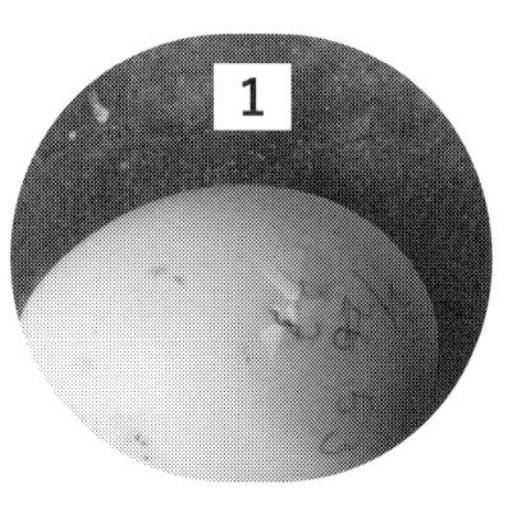

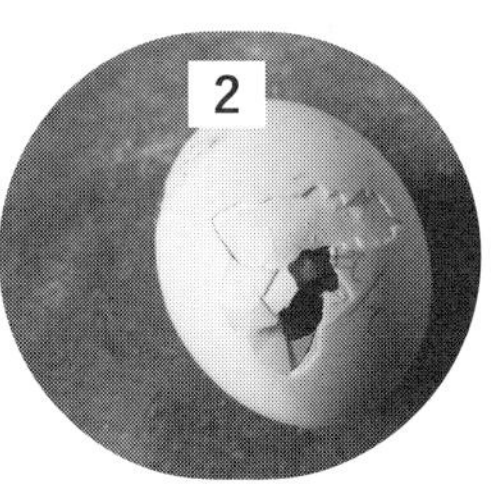

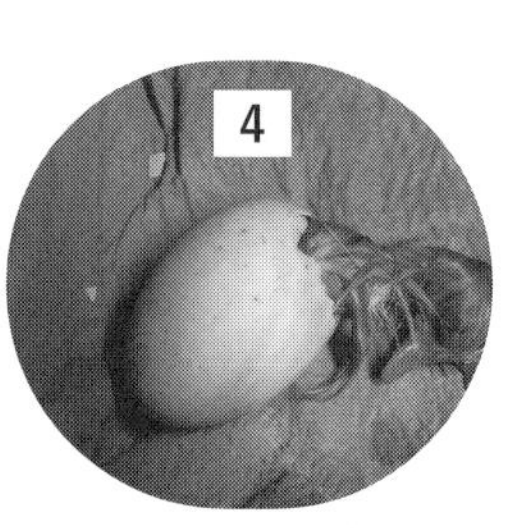

アイガモ同様にオタマジャクシなど水生動物を巧みに採食します。

　次に、育雛以上に難しかったのが、孵化でした。まず孵化に要する日数がアイガモより2日少ない26日。これはレイサンマガモと同じ日数で、他のアヒルやアイガモとは祖先が異なると考えられている所以です。人工孵化した時の孵化率は25%程度で、アイガモの半分以下です。特に孵化の直前で死亡する卵（死籠り卵）が多く、これが孵化率を下げています。

　そのため、私は孵化の際に以下のような介助を行ないました。まず、はし打ちが始まった卵（25日目ぐらい）（①）のヒビが入った部分の殻を少しピンセットで取り除き、くちばしが見えるようにしてあげます（②）。その半日後にはさらに大きく広げて（③）、26日目には卵の外にヒナを引っ張り出します（④）（図11）。成功率はおよそ80%で、孵化率を大幅にアップさせることができました。

　なお、コールダックを飼うにあたって忘れてはいけないのが鳴き声です。Call duck（コールダック）の名のとおり、大きな声でよく鳴きます。近所迷惑にならないといいのですが…。

いまも試行錯誤中

　コールダックは就巣性を有しています。ただし、抱卵中も頻繁に水浴に出かけ、その間にヘビに卵を食べられたり、人が無精卵を取り除くと抱卵を止めてしまったりと、ガチョウとは異なる行動を示します。２０２３年５月、やっと卵11個から10羽のヒナが自然孵化しました（図12）。その後の育雛も順調そのもの。今後は自然孵化のコツを見つけていきたいと思います。

　草刈り動物としてのコールダックのポテンシャルは、未知数のところが多いです。でも、わからないことを実際にその動物を飼いながら解き明かしていくのは楽しいものです。コールダックも10年以上生きると言われています。これから少しずつ愛玩用としてではなく、除草用としてベストな飼い方を見つけていきたいと思います。

ブタの習性

ルーティングの跡

図14　ブタのルーティング
鼻はイノシシより短めだが強靱。鼻先を土の中に潜り込ませ、土をはねよけながらエサを探す

4 ブタの休耕地・林地への放牧

鼻で地面を耕す習性

ブタの祖先はイノシシ。イノシシは長く強靭な鼻を使って地面を掘り起こし、土の中にいるミミズなどの小動物や植物の根などを探し、採食します（図13）。この行動を「ルーティング」と言います。イノシシにとってルーティングは生きていく上で欠かせない行動と言っても過言ではありません。

でもこの行動を農地で行なうと、農作物を荒らしたり、田んぼのアゼを壊したりして人間との間で軋轢が生じ、いわゆるイノシシ害となってしまいます。

ブタは人間によって改良が進められる中で、イノシシに比べると鼻は短く、丸々とした体型になりました。一般にブタは、人が与えるエサを食べ、そしていつも寝ているイメージがあるかもしれません。でも、イノシシのようにルーティングをしたいという欲求がなくなったわけではありません。その証拠に、コンクリート床の豚舎ではその欲求が満たされず、尾かじりなどの問題行動を引き起こすことが知られています。

実際、ブタを放牧すると喜々とした様子でルーティングを行ないます。短い、いや強靭な鼻先を使ってイノシシに負けないくらい土をはね上げながらエサを探します（図14）。ルーティングをしているブタは本当に楽しそうです。ちなみに、ウシを放して農地を開拓する方法を「蹄耕法（ていこうほう）」、これに対してブタを放して農地を耕すことを「鼻耕法（びこうほう）」と言います。

図13　ブタの先祖・イノシシの特徴
左は外観。イノシシの鼻はブタより長め。右はイノシシに掘り起こされた林道。私の田んぼに通じる水路沿いに並べた土のう袋も滅茶苦茶に…

ブタの放牧

図15　ブタによる休耕田のセイタカアワダチソウの除草

[1]放牧前の様子。セイタカアワダチソウが一面に繁茂。[2] 14aに2頭放牧。草を食べ、ルーティング。[3]セイタカアワダチソウをベッドにひと休み。[4] 3カ月後の放牧終了時。すっかり除草された（右半分）。[5]放牧終了から1年後。セイタカアワダチソウの再生は見られない

図16　放置林でのクズなどの除草

左は放牧前の様子。クズが繁茂し木にも巻き付いていた。中央は10aに3頭を放牧して2カ月後。クズが取り除かれた。右は放牧して3カ月後。林床全体がきれいに除草された

セイタカアワダチソウが再生しない

1～2mもの高さになり、秋になると黄色い花を咲かせるセイタカアワダチソウ（別名キリンソウ）。皆さんもよくご存じだと思います。これが休耕地に侵入し、アレロパシーで他の植物を駆逐し、一面を覆い尽くすことがあります。

そこにヤギを放牧すると、茎がまだ軟らかい夏頃まではきれいに食べてくれます。ただ、地下茎を伸ばしながら増えていくセイタカアワダチソウは、地上部（葉と茎）を食べただけでは根絶できず、翌年にはまた再生してきます。また、ガチョウは残念ながらセイタカアワダチソウを食べてくれません。

そのセイタカアワダチソウやクズなど、地下茎を張り巡らせながら増える多年生雑草の対策に有効なのが、ブタの放牧です。

ヤギやガチョウを放してもセイタカアワダチソウが残ってしまった休耕田（14a）に、成雌豚2頭を放牧してみました（図15）。2頭は200kgを超える体で、地上部（茎や葉）をなぎ倒し、ルーティングにより地下部（地下茎）を掘り起こしてくれました。その結果、開始時には全面を覆い尽くしていたセイタカアワダチソウが、3カ月後にはきれいに除去され、草の量はブタを放していない区画の30分の1に。とても見晴らしが

図17　林地でのブタ

木陰で休息や泥浴びをする。何とものびのびした姿

よくなりました。さらに1年後、セイタカアワダチソウは再生しておらず、ブタの鼻耕による除草効果は抜群でした。

クズも根絶できた！

最近は、道路沿いの斜面に繁茂するクズも目につきます。マメ科植物でタンパク質を多く含むことから、かつては人間の食材としてだけでなく、ウシやウマの貴重な飼料になっていました。いまはほとんど利用されず、景観悪化をもたらす厄介ものになっています。林地でも林縁部に生えた木に蔓を巻き付かせてその全体を覆い尽くし、枯死させることもあります。

そこで、30年近く放置された林地（10ａ）にブタを3頭放してみることにしました（図16）。すると効果はてきめん。3カ月もすると、林床全体に生えていた草と、木に絡みついていたクズがきれいに除去されました。クズについてはブタがルーティングで地下茎を掘り起こし、地上部（蔓と葉）が枯死する様子が観察されました。

放牧したブタですが、休耕田よりも林地のほうが木陰が多く、快適に過ごせたようです。ルーティングをした後は、涼しい木陰でのんびり昼寝をし、水溜まりができると気持ちよさそうに泥浴び（泥浴（でいよく））するなど、舎飼いではなかなか見られない行動が観察できました（図17）。

電気柵が必須

ブタの放牧では、脱走と野生動物の侵入防止が特に重要になります。

ヤギの場合、地面から1ｍ前後の高さまで設置する電気柵ですが、ブタでは電線を地面から15㎝と30㎝、もしくは20㎝と40㎝の高さに設置すると効果的です。跳び越えるのでは？と心配になるかもしれませんが、基本的に目線を下に向けながら近づき、潜り抜けようとするので、跳び越えることはまずありません。

ただし初めて電線に触れたブタはパニック状態になり、前方に突っ込んで逃げる場合があります（図18）。最初は四方が囲まれた狭い場所で電気柵を「学習」させてから、放牧するほうが安心です。

課題も多いが潜在力も大

ブタを導入したのは、今から10年ほど前。林業と畜産を組み合わせたアグロフォレストリー(Agroforestry)を学びたいという学生の意向を汲んだのがきっかけでした。アグロフォレストリーとは、林業(Forestry)に農業(Agriculture)を組み合わせた農法のことで、森林を切り拓いて農地にするのではなく、木を植え、それを育てながら、空いたスペースで農作物や果樹を育てる、あるいは家畜を飼うもので、環境に負荷を与えない永続的な農法として知られています。

実際にブタを飼う中で、草刈り動物としての高いポテンシャルに気づかされました。一方で、ブタを飼う一番の目的は肉の生産。ここがこれまで登場した草刈り動物とは少し違うところで、実際に飼うには課題が多いのも事実です。

例えばエサの確保です。放牧したブタは、林地や農地でルーティングをして一生懸命にエサを探しますが、育ち盛りのブタのお腹を満たすのは難しく、穀物を中心とした補助飼料が必要です。

20kgのブタを導入して100kgに育てるには、およそ400kgの穀物飼料を必要とします。私の場合は、古米を中心にした自給飼料を、1頭当たり1日2～3kg(体重の約5%)給与していました。また、水もよく飲むので水道がない場所では、天水が利用できる装置を準備する必要があります。

こうしたこともあり、私も実は日常的にブタを飼っているわけではありません。実験でブタが必要になった時に、その都度、知り合いの養豚農家からブタを購入し、実験終了後、大きく育ったブタをと畜場に連れていきます。

それでも、あえてこの本でブタを紹介したのは、草刈り動物としての魅力があることに加え、むしろブタが本来持っている食性や行動特性を活かした飼い方として、林地や休耕地での「放牧飼養」が広まればと思ったからです。ヤギ、アイガモなどに比べるとハードルが少し高いですが、機会があればチャレンジしてみてください！

2

図18　電気柵に驚くブタ

1 20cmと40cmの高さに設置した電線を鼻先で確認。2 3 感電に驚き逃げ出す

10 卵・乳・肉、そして糞を利用する

ミャンマーの農村での家畜の利用

図1　ミャンマーの市場で並ぶヤギやアイガモの肉や卵
①②ミャンマーで飼育されている小型の肉用ヤギとその肉。③市場に並んだアイガモの卵。④アイガモの肉。バナナ葉の上に並べられているのがエコ。左上の茶色の塊は血を固めたもの

図2　ミャンマーの湖のほとりにて
アイガモはよく飼育されている。油をふんだんに使って炒めた（揚げた）卵は絶品だった

1 家畜の恵み

この本では、草刈りをキーワードにヤギ、アイガモ、ガチョウの飼い方を紹介してきました。しかし、彼らの用途は、役用（草刈り）に限定されるものではありません。私がかつて生活していたミャンマーでは、市場に足を運ぶと、ブタやニワトリの肉とともに、ヤギ肉やアイガモの卵と肉が日常的に販売されていました（図1）

この章では、これまでとは少し視点を変え、草刈り動物から得られる畜産物（肉、卵、乳〈ミルク〉）や副産物（糞）に焦点をあて、そ

の特性や利用について紹介していきます。

2 食べて利用する

アイガモ・ガチョウの場合

アイガモは孵化して半年も経つと卵を産み始めます。その産卵数は年間で150〜200個ほどで、卵用種の産卵能力は、ニワトリと遜色ないことが知られています。ミャンマーの市場では、アイガモの卵が鶏卵と同程度の値段で豊富に流通し、身近な食材として利用されていました。訪問した家でも卵焼きをよくごちそうになり、ご飯が進んだことを覚えています(図2)。

図3は、ガチョウ、アイガモ、ニワトリの卵を並べたものです。ガチョウの卵の大きさには少しびっくりしますね。ゆで卵にすると、お腹いっぱいになります。

卵を割ってみると、アイガモとニワトリの卵の見た目に大きな違いがないように思いますが、食べてみるとアイガモのほうが黄身に粘り気があり、味が濃く感じます。この違いは、卵に占める卵黄の割合が大きいことが関係しているようです(表1)。こう

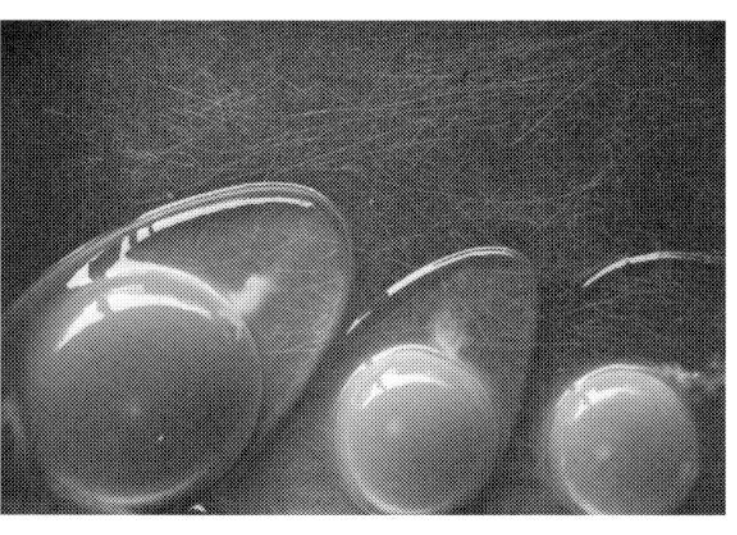

図3　卵の利用

左からガチョウ、アイガモ、ニワトリ

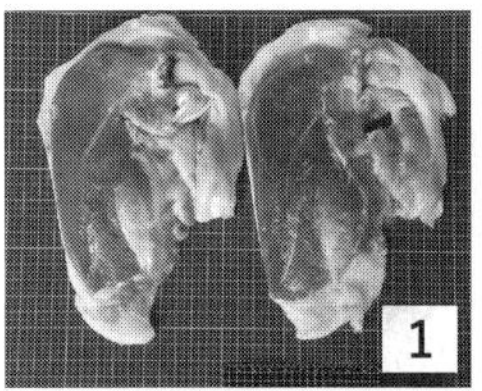

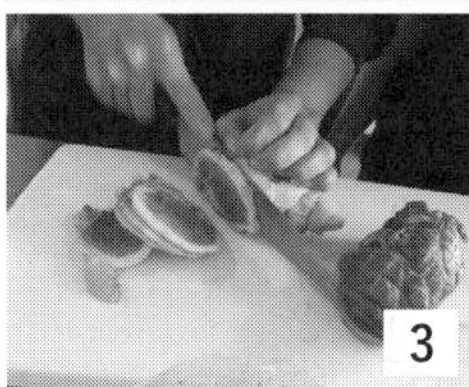

図4　アイガモ肉の利用

[1]ムネ肉。[2]鴨汁。表面に脂がよく出ていて、コクがあって絶品。[3]燻製

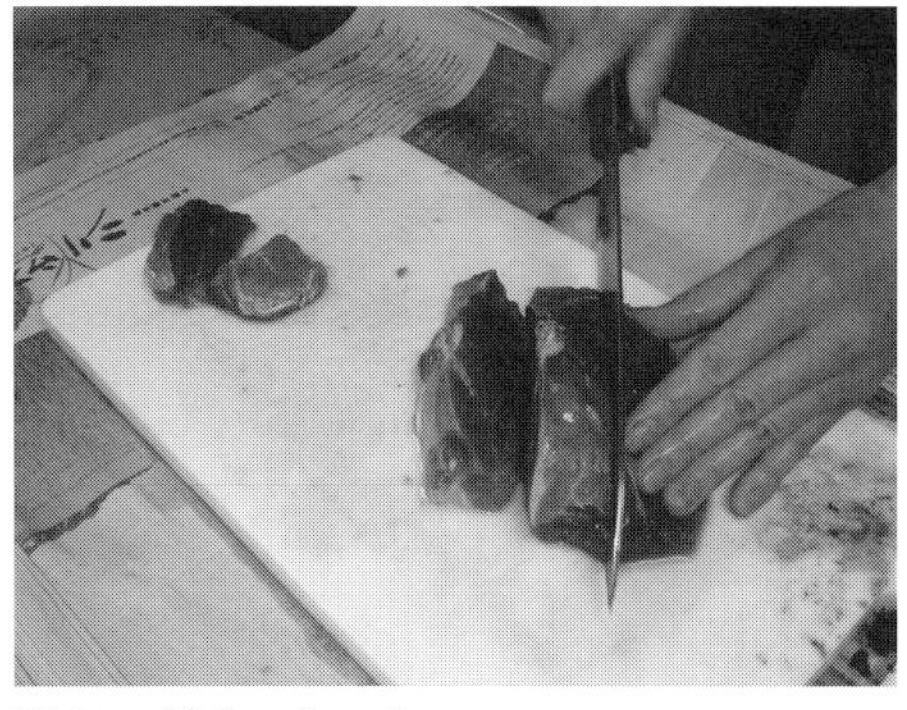

図5　ガチョウの肉

赤身でヘルシー

表1　卵における卵黄、卵白および卵殻の構成比

	卵重に対する割合(%)		
	卵黄	卵白	卵殻
鶏卵	27.6	62.2	10.2
アイガモ卵	31.1	59.4	9.5
ガチョウ卵	31.0	57.5	11.5

肉や卵の利用

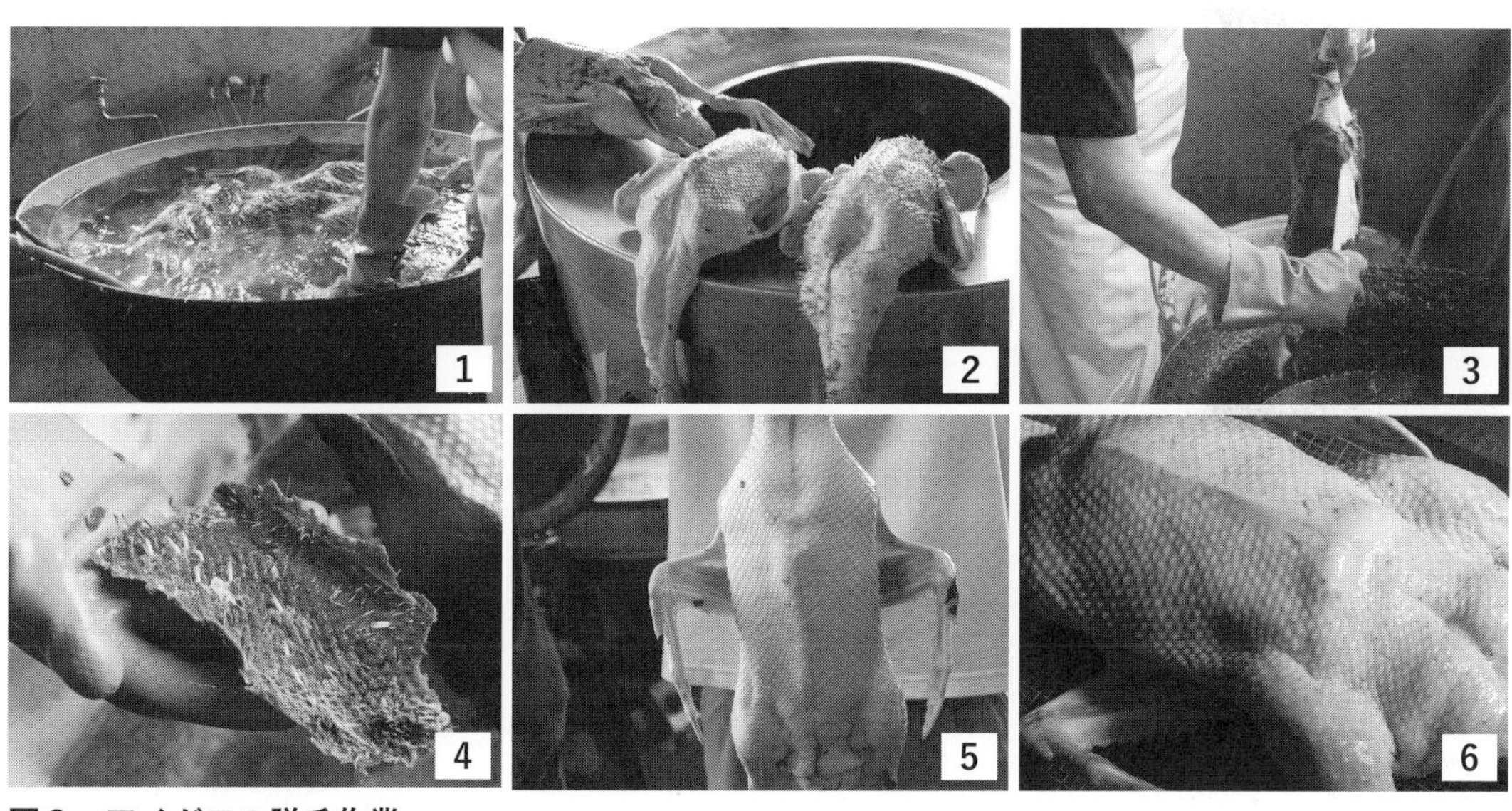

図6　アイガモの脱毛作業

1まず約70°Cで湯漬けして脱毛する。2大部分は脱毛できるが、筆毛(ふでげ)が残る。私はあまり気にせず、取り切れない部分はバーナーであぶって焼いて料理に使う。345販売用にする時は、加熱した鍋で溶かしたロウにつけて、次に水の中で冷やす。固まったロウをはがすと、筆毛も一緒にとれてきれいになる。6できあがり。モモ肉よりもムネ肉が大きい

した特性を持つアイガモやガチョウの卵、日本では生食用よりも、卵黄を利用するマヨネーズやアイスクリームなどの加工用としてのニーズがありそうです。

一方、アイガモの肉には脂身の少ないヘルシーなニワトリ肉とは違う、旨味やコクがあります。特に脂の部分に、美味しさが凝縮されている感じです。スライスして焼肉にして食べてよし、鴨汁にしてよし、そして燻製にしてよしと様々な味を楽しめます(図4)。ガチョウ肉は、アイガモと違い赤身なのが特徴です(図5)。アイガモとガチョウの祖先は、マガモとガンで渡り鳥。陸上で生活するニワトリと違い、ムネ肉が大きく発達し、肉量が多く、商品価値も高いです。

アイガモとガチョウは、自家消費であれば、自分でと畜・解体することができます(19ページ)。ただ、どちらもニワトリと違い、脱毛に手間がかかります(図6)。慣れれば、それほど気にはなりませんが。食べごろは脂が乗る秋から冬です。

ヤギの場合

第6章では、ヤギの繁殖について紹介しました。ヤギ乳を利用したいという人は多くいます。ただ私の飼っているトカラヤギは、肉用種なので乳量が少なく、子ヤギが

図7　トカラヤギのミルク

飲めばなくなります(図7)。

一方、日本ザーネンは泌乳能力が高く、1日2ℓ以上のミルクを生産します。ヤギ乳は牛乳に比べて脂肪球が小さく、消化吸収しやすい(ヒトの母乳に近い)、アレルギーを起こしにくいことが特徴として知られています。また、チーズなど加工用としてもニーズがあり、ミルクの活用を考える人は日本ザーネンがおすすめです。

一方で、ヤギ乳の利用を考えた場合、定期的に繁殖を行なう必要があります。ただ、子ヤギの性別は産まれてくるまでわかりません。雄が産まれた場合、ある程度大きくなった時点で肉利用を考える必要があります。

ただし、先ほど紹介したアイガモと違って、ヤギの肉利用では、と畜場での処理と解体が義務付けられています(19ページ)。

また、ヤギ肉には特有の風味もあります。私はどちらかというと食わず嫌いで、ヤギ肉をほとんど口にしたことがありませんでした。しかし、ミャンマーでヤギ肉は、牛肉や豚肉よりも高値で取引されており、現地で食べたヤギ肉カレーはクセもなく美味しかったのを覚えています。

ヤギ肉特有の風味を活かすのか、香辛料などであえてそれを消すのか意見が分かれそうですが、消費を拡大するという観点から後者を促進するのもありかなと感じています。

3 糞を利用する

家畜の持つ働きの1つとして、糞の肥料利用が挙げられます。私の農園でこの役割を果たしてくれているのがヤギです。ヤギ糞は、粒状で軽くて取り扱いやすいのが特徴です。休息小屋の下に溜まった糞を定期的に回収して、鶏糞などと混ぜて発酵させ、田んぼや畑に還元しています(図8)。

放牧地に設置した小屋の糞は、冬に回収します。春~夏にかけて排泄された糞は、回収する頃には糞の形状もなくなり、腐葉土のようにふかふか。これはそのまま畑に施すこともでき重宝しています。

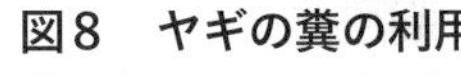

図8　ヤギの糞の利用

1休憩小屋の下などに溜まった糞。2鶏糞やもみ殻などと混ぜて堆肥作り。3菜園で利用

コラム

大型の肉用アイガモ「薩摩黒鴨（さつまくろがも）」

アイガモ農法は多くの人に認知され、生産された米は消費者から高い評価を受け、その販路は安定しています。その一方で、水田での働きを終えたアイガモの肉利用と流通・販路の確保が今なお大きな課題となっています。水田での除草能力を発揮しつつ、肉としても利用しやすいアイガモとして開発されたのが「薩摩黒鴨」です。

水田での働きや肉の食味性に優れた中型のアイガモとして、主に南九州で広く利用されてきたのが青首系のアイガモの1つである「薩摩鴨」です。しかし肉用種である大型の「チェリバレー」と比べると、どうしても肉量の面で見劣りしてしまい、なかなかその販路を確保できませんでした。

そこで水田放飼に適したより大型の肉用アイガモとして、日本有機株式会社（鹿児島県曽於市）の協力を得て薩摩黒鴨を作出しました。

新たに作出した薩摩黒鴨と、従来のアイガモである薩摩鴨の産肉性を比べると、薩摩黒鴨が断然優れているのがわかります。肉利用を積極的に進める生産者からの評価も上々です。

現在は、同社がヒナの生産・販売を行ない、薩摩黒鴨の肉を使った鴨鍋セットなど新たな商品の開発やその販路拡大に取り組んでいます。

薩摩鴨と薩摩黒鴨の成長曲線

17週齢の体重が、薩摩黒鴨は薩摩鴨の1.5倍にもなる

薩摩黒鴨の成鳥。薩摩鴨とチェリバレーを交配し、その中から黒色羽装を持つものを選抜して作出した。成鳥の体重は3kgほど

薩摩鴨と薩摩黒鴨の解体成績（g）

部位	アイガモの種類	
	薩摩鴨	薩摩黒鴨
ムネ肉	363	671
モモ肉	248	461
ササミ	29	51

と畜時（17週齢）、いずれの部位も薩摩黒鴨は薩摩鴨より大きい

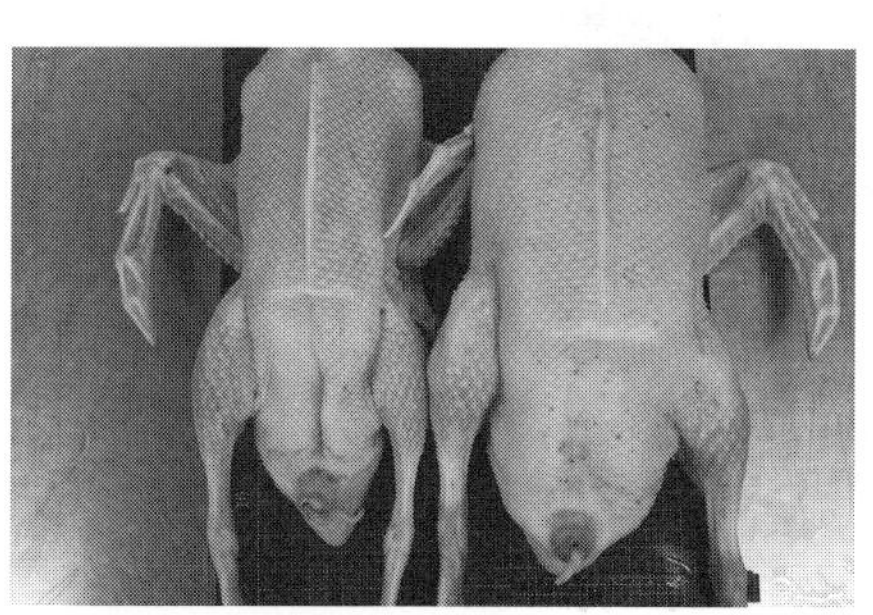

薩摩鴨と薩摩黒鴨の比較

薩摩黒鴨（右）は薩摩鴨（左）よりもムネ肉のボリュームがあり、全体に肉付きがいい

11 草刈り動物が開く未来の畜産

1 「小さな畜産」の潜在力

ここまで紹介してきたヤギ、アイガモ、そしてガチョウを含むその他の家畜は、日本の畜産では産業家畜ではなく、愛玩動物でもない、生産性をもたらすその中間にあたる家畜（特用家畜）という位置づけです。

しかしながら、本書で紹介してきたように、彼らを「自給用」や「役用」という位置づけで飼養すれば、草、糞、生産物をフル活用でき、私たちの身近なところにはそのポテンシャルをいかんなく発揮できる場所がたくさんあります。生業としての畜産を「大きな畜産（畜産業）」と考えれば、ここで紹介した自給や役用を目的とした草刈り動物の飼育は、さしずめ「小さな畜産」でしょうか。

本書の最後に、これからの畜産について考えてみたいと思います。

2 ミャンマーでの体験から

図1はミャンマーの農村を車で移動していた際に撮影したものです。いきなり道路沿いに人が乗ったゾウが現われ、驚いたのを覚えています。聞くと、チーク材の産地であるミャンマーでは急峻な山中で伐採した木をトラックが入れる幹線道路までゾウが運び出すそうです。4年間生活した中でたった1度しか出会うことがなかった光景ですが、とても印象に残っています。

ほかにも、水田を耕す水牛、収穫した農作物を運ぶコブ牛など、大家畜は主に「労働力」として利用され、ブタ、ニワトリ、アイガモ、そしてヤギなどの中小家畜が「食用」で飼われていました。いずれもその土地の風土に合わせて、例えば湖畔や水田地帯ではアイガモ、乾燥地帯ではヤギが飼育されており、家畜の糞は集められ、貴重な肥料源として高値で取り引きされていました。

ミャンマーの農村にて

図1　ミャンマーの農村で活躍する家畜たち
1林業で活躍するゾウたち。2代かきを行なう水牛。3水田地帯でのアイガモの放飼

図2　湖の上で営まれる養豚
1奥に見えるのが豚舎。2床はスノコ式になっており糞や尿は湖に落ちる。3エサには水草を活用

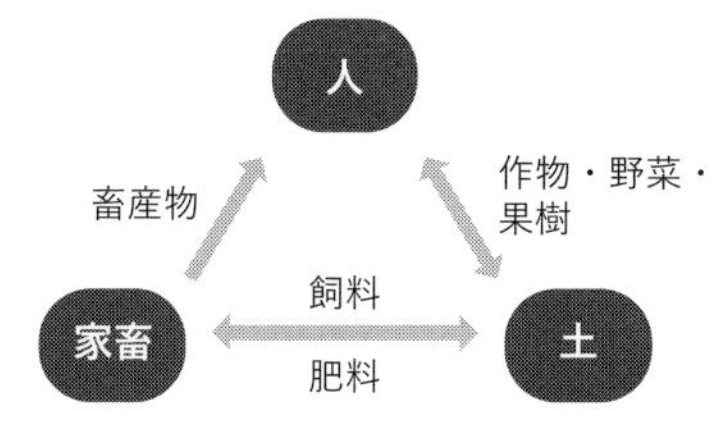

図3　畜産の魅力とは？
未利用資源の活用や肥料の供給など、資源の循環こそが畜産の魅力であり、原点

3 小さな畜産は潜在力大

図2は、私がミャンマーにいた頃よく目にした湖上にある豚舎です。ここでは湖の水草、米ぬか、くず米など身近にある資源がブタのエサとして与えられ、その糞は湖にそのまま落ちて魚のえさになっていました。そして、その魚は人の食料になることも。1つの循環システムができあがっていました。

ここで飼われているブタは、ゆっくりと時間をかけて育てられ、食肉利用するまでに1年以上かかります。多くの時間が必要ですが、お金はそれほどかかりません。日本では、「そんなに時間をかけるのは、非効率」と言われそうですね。私たちは、少ない飼料で、時間をかけずに出荷することが「効率的」と、ついつい考えがちです。輸入穀物飼料の利用を前提とした場合、与える飼料をできるだけ節約しながら、より多くのブタを出荷できるのが理想だからです。

しかし、輸入される穀物飼料がどこで、どのようにして生産され、どれくらいの距離を運ばれてきたのか？　あるいは家畜から排泄される糞尿はどのように利用されているのか？　より広い視点で見た場合、日本で求められる効率性が必ずしも正しい答えとは言えないはずです。ひょっとすると、非効率なのかもしれません。

今、日本ではウシ、ブタ、ニワトリの飼養に特化した、集約的な畜産が営まれています。生産された肉、ミルク、そして卵などは全国各地で流通し、私たちは日常的に畜産物を口にすることができます。

ただし、これはあくまでも輸入する穀物飼料が安く、そして安定的に確保されることが大前提です。昨今の輸入飼料の高騰は円安だけの問題ではなく、新興国の畜産物消費量の増加と飼料購買力の向上、気候変動による飼料作物の減収なども関係しており、決して一時的なものとは考えられず、この先も予断を許さない状況です。

畜産の魅力は、人が利用できない未利用資源を飼料利用し、畜産物を作り出すこと、そして排泄された糞尿は農地に還元されて肥料利用されることにあります。改めて畜産の原点に立ち返る時期にきているのかもしれません(図3)。

4　水田を畜産の基盤に

最近、ＳＤＧｓ(持続可能な開発目標)という言葉をよく耳にします。ＳＤＧｓの達成には持続的農業の推進や生物多様性の維持などが必要とされており、２０２１年５月に農水省が打ち出した「みどりの食料システム戦略」でも、２０５０年までに化学肥料の使用量30％削減や全農地の25％で有機農業に取り組むことが数値目標として掲げられています。

そのような中で私が注目するのは、日本の農地の半分を占める水田です。水田を基盤とした畜産こそが日本の気候風土に最も適した形だと考えています。その１つがアイガモ農法であり、水田畦畔でのヤギやガチョウの除草利用です(図４)。水田を単なる米づくりの場としてではなく、畜産の場として積極的に活用していくうえで、ヤギ、アイガモ、ガチョウなど、中小家畜の存在は欠かせません。

5　身近な資源を活かしてこそ

野菜やお米をつくると、野菜くずや作物残渣(くず米や米ぬかなど)が出てきます。また、アゼや休耕地など定期的に草刈りする場所も必ずあると思います。草刈りする時には「雑草」と呼ばれ、厄介者扱いされる「野草」も、草刈り動物からみたら貴重なエサ。これを活かさない手はありません(図５)。

畜産の魅力は、先ほども述べたとおり、人が利用できない資源を家畜のエサとして活用し、役利用(運搬や田畑の耕耘など)や肥料利用(糞尿)を図ると同時に、畜産物(肉、乳、卵、毛皮の生産)も生産できる点にあります。飼養する家畜の頭羽数が多い集約的な畜産(大きな畜産)では、必要となるエサの量が増え、なかなか身近な資源を活かすチャンスがありません。

これが小さな畜産であれば、これまで使い道のなかった資源(野菜くずや作物残渣、野草)をエサとして利用することができ、そ

山あいの田んぼが「小さな畜産」の基盤に

図4　水田での畜産のかたち

図5　野草は草刈り動物にとって貴重な資源（エサ）

図6　田んぼには草刈り動物が欠かせない

のお返しとして畜産物や肥料（糞）が手に入ります。

ヤギ、アイガモ、ガチョウだけにこだわる必要はありません。例えば第9章で紹介したニワトリやブタも立派な草刈り動物です。皆さんの身近にある資源をうまく利用し家畜を飼うことで、そこに資源の循環が生まれます。これこそが小さな畜産の魅力であり、畜産の原点でもあります。

6 おわりに

アイガモ農法での米づくりからスタートした小さな田んぼを舞台にした有畜複合農業。15年経ちましたが、1年1年を楽しみながらここまで来ました。

何よりも楽しみなのは、季節ごとの田んぼの移り変わり。冬、花を咲かせた梅の木をバックに牧草を美味しそうに食べるヤギ、春になり田んぼに水を入れた時に残った牧草を掃除刈りしてくれるガチョウ、そしてイネを植えたらアイガモの出番（図6）。そこにはいつも家畜がいます。こうした楽しみを与えてくれるのも、草刈り動物を飼う魅力かもしれません。

ぜひ皆さんも、草刈り動物の活用と飼育にチャレンジしてみてください！

※掲載情報は2023年7月時点のものです。

- **薩摩黒鴨、ガチョウ、コールダック**　※いずれも要予約
（薩摩黒鴨は3～6月出荷。ガチョウ、コールダックは不定期出荷。薩摩黒鴨鴨鍋セットも販売中）
日本有機株式会社　〒899-8604 鹿児島県曽於市末吉町諏訪方4122
Tel：0986-76-1091　Fax：0986-76-6554　E-mail：joc@e-kamo.co.jp

- **全国合鴨水稲会**
アイガモ農法について、もっと勉強したいという人は「全国合鴨水稲会」への入会をおすすめします。ここではアイガモ農法に取り組む有機農家を中心に勉強会（全国合鴨フォーラム）が定期的に開かれ、会誌「合鴨通信」も発行されています。詳しくは会のホームページをご覧ください。
URL：https://www2.memenet.or.jp/aigamo/index.html　E-mail：aigamo21@gmail.com

3）放牧資材、鳥獣被害対策機器の入手先・問い合わせ先

- **放牧資材、電気柵など**
サージミヤワキ株式会社　〒141-0022　東京都品川区東五反田1－19－2
Tel：03-3449-3711　Fax：03-3443-5811　E-mail：email@surge-m.co.jp

- **電気柵など**
株式会社 末松電子製作所　〒869-4615　熊本県八代市川田町東34－1
Tel：0965-53-6161　Fax：0965-53-6162　E-mail：info@getter.co.jp

- **電気柵、トリサッタなど**
タイガー株式会社　〒565-0822　大阪府吹田市山田市場10－1
Tel：06-6878-5421　E-mail：info@tiger-mfg.co.jp

4）孵卵器、コールダック用飼料の入手先・問い合わせ先

- **孵卵器**
株式会社昭和フランキ　〒362-0811 埼玉県北足立郡伊奈町西小針3－244－1
Tel：048-729-1727　Fax：048-729-1726　E-mail：info@showafuranki.co.jp

- **孵卵器、コールダック用飼料**
商品名：水鳥ペレットフード
株式会社ベルバード　〒286-0118 千葉県成田市本三里塚1001－545
Tel:048-473-5511　Fax：0476-36-7675　E-mail：info@belbird.com

- **コールダック用飼料**
商品名：新 水きん用（浮遊性ペレット飼料）　※業務用
日本ペットフード株式会社　〒140-0002 東京都品川区東品川2－2－4天王洲ファーストタワー 5F
Tel：03-6711-3601

付録1

参考文献と家畜・機材の入手など

1）参考文献

ヤギ

中西良孝編『ヤギの科学（シリーズ家畜の科学3)』朝倉書店、2014年
萬田正治『ヤギ－取り入れ方と飼い方・乳肉毛皮の利用と除草の効果－（新特産シリーズ)』農山漁村文化協会、2000年
寺島杏奈『ヤギの診察』日本橋出版、2022年
今井明夫『ヤギと暮らす（扶桑社アウトドアシリーズ)』扶桑社、2023年

アイガモ

古野隆雄『合鴨ばんざい』農山漁村文化協会、1992年
柳田昌秀『アヒル：肥育と採卵の実際（特産シリーズ 44)』農山漁村文化協会、1981年

ニワトリ

渡辺省悟『図解だれにもできる自然卵養鶏－ほんものを食卓へ－』農山漁村文化協会、1986年

コールダック

Ashton, C. and M. Ashton. *The Domestic Duck*. The Crowood Press, Wiltshire. 2001.

ブタ

田中智夫『アニマルサイエンス4　ブタの動物学　第2版』東京大学出版会、2019年

放牧と牧草の栽培

平野 清『イチからわかる牛の放牧入門』農山漁村文化協会、2021年

2）家畜の入手や飼育に関する相談先

ヤギ

- **市場で手に入れる**

  ヤギの飼育が盛んな長野県や群馬県などではヤギの生体を取り引きする市場が定期的に開かれています。その他の場合は、ヤギを飼育している人や牧場から購入できます。値段はヤギの種類によってまちまちで、一般に雄よりも雌が高値で取り引きされています。草刈り用で1～2頭を飼う場合は、去勢ヤギも導入しやすいです。

- **全国山羊ネットワーク**

  ヤギの飼い方について、もっと勉強したいという人は「全国山羊ネットワーク」への入会をおすすめします。ここではヤギの飼育や利用法などについて、飼育者や愛好者、研究者などが定期的に集まり勉強会（全国山羊サミット）を開き、会誌「ヤギの友」（年に2回発行）からも多くの情報を得ることができます。詳しくは会のホームページをご覧ください。有害植物の詳細なリストなども紹介されています。
  URL：https://japangoat.web.fc2.com/

アイガモ・ガチョウ・コールダック

- **マガモ系アイガモ、大阪アヒル**　※要予約

  髙橋人工孵化場　〒581-0053 大阪府八尾市竹渕東1－105
  Tel：06-6709-3620　Fax：06-6790-5121　E-mail：takahashi-farm@vega.ocn.ne.jp

症状		原因		対処
毛艶が悪い。脱毛が見られる。（68 ページ）	→	寄生虫	→	駆虫をして、小屋を掃除して石灰などで消毒する。
痒そうにしている。壁などに体を擦りつける。	→	ダニやシラミなどが体表に付着している。	→	駆虫する。
元気がない。血尿が見られる。（32 ページ）	→	有毒植物（キツネノボタン、ワラビなど）の採食	→	すぐに獣医師にみてもらう。
元気がない。口から泡を吹く、よだれを流す。	→	有毒植物（ツツジ、アジサイなど）の採食	→	すぐに獣医師にみてもらう。
後ろ脚の力が入らない。起立不能になる。（68 ページ）	→	腰麻痺（日本ザーネンで注意が必要）	→	獣医師にみてもらう（駆虫）。
脚の関節が腫れ、座っていることが多くなる。（68 ページ）	→	山羊関節炎・脳脊髄炎	→	獣医師にみてもらい、最寄りの家畜保健衛生所に報告する。
脚をひきずる。足先を浮かせている。	→	脚をひっかけて捻挫した。	→	患部を触って熱を持っていなければ、2～3日様子を見る。
		↓ 骨折を疑う。	→	患部を触ると、熱く、痛がる。大きく腫れあがる（獣医師にみてもらう）。
	→	爪が伸びて、巻いている。	→	蹄病（ていびょう）にならないよう、定期的に削蹄して、爪の間にたまったゴミを取り除く（70 ページ）。
尿の出が悪い。	→	尿石症（雄ヤギ、去勢ヤギで注意）	→	獣医師にみてもらう（尿管の結石を除く）。
搾乳の時に痛がる。乳房が熱を持ち、しこりがある。	→	乳房炎（乳用ヤギで注意が必要）	→	すぐに獣医師にみてもらう（抗生物質の投与）。

付録2

ヤギによくあるトラブルと対処法

症状	考えられる原因（該当する項目がないか、上から順に確認する）	対処法 □飼育者が行なう。■獣医師に相談する。
痩せてきた。	放牧地の草が不足している。	Yes → □他の場所に移動する。補助飼料を与える。
	↓No（高齢のヤギで）前歯がなくなって、十分に草を食べられていない。	□短くカットした草や補助飼料を与える。
	↓寄生虫を疑う。	■駆虫をして、小屋を掃除して石灰などで消毒する。
食欲がない。	野菜の葉などをたくさん与えている。穀物飼料や米ぬかをたくさん与えている。	□ルーメンの動きが低下している可能性がある（**食滞**）。乾草など繊維質の多いものを食べさせる。
	↓反芻をせず、苦しそうにしている（横たわることもある）。後ろから見て左側のお腹が張っている。	□ルーメンにガスが溜まり、**鼓脹症**を引き起こしている。お腹をマッサージして、ゲップさせる（ガスを抜く）。
	↓寄生虫を疑う。	■駆虫をして、小屋を掃除して石灰などで消毒する。
糞が粒状でない。（69ページ）	粒がくっついて塊状になっている。食欲もあり、元気である。	□青草を食べ過ぎた？ 2～3日、様子をみる。
	↓正常な糞の形状（粒）が見られず、ペースト状あるいは水に近い糞をしてお尻も汚れている。元気もない…	■・放牧を中断して、乾草などを食べさせる。・脱水症状を起こさないように、水分補給をする。・子ヤギの場合、要注意（獣医師にみてもらう）。
	↓寄生虫を疑う。	■・駆虫をして、小屋を掃除して石灰などで消毒する。・子ヤギの場合、要注意（獣医師にみてもらう）。

髙山 耕二(たかやま　こうじ)

1970年広島県生まれ。山口大学農学部農学科卒業。アイガモ農法に興味を持ち、鹿児島大学大学院に進学。博士(農学)を取得後、日本学術振興会特別研究員を経て、ミャンマー連邦でNGOによる国際協力活動に従事。現在、鹿児島大学農学部 准教授(家畜管理学・動物行動学)。アイガモ農法、中小家畜の除草利用、野生鳥獣(シカ、カラス、アマミノクロウサギなど)による農作物被害対策に関する研究に取り組んでいる。15年ほど前から山あいの田んぼで水稲の栽培や草刈り動物の飼育を始める。

イラスト：アルファ・デザイン

写真：(＊)は編集部、それ以外は著者

草刈り動物と暮らす
ヤギ・アイガモ・ガチョウの飼い方

2023年 8 月25日　第1刷発行
2023年12月15日　第2刷発行

著　者　髙山 耕二
発行所　一般社団法人　農山漁村文化協会
〒335-0022　埼玉県戸田市上戸田2丁目2-2
電　話　048(233)9351(営業)　048(233)9355(編集)
F A X　048(299)2812　振替00120-3-144478
U R L　https://www.ruralnet.or.jp/

ISBN978-4-540-23123-0
〈検印廃止〉

DTP制作／(株)農文協プロダクション
印刷／シナノパブリッシングプレス
定価はカバーに表示
乱丁・落丁本はお取り替えいたします。